U0183508

大学物理导学与提升教程
（上册）

于智清　主编

北京理工大学出版社
BEIJING INSTITUTE OF TECHNOLOGY PRESS

内 容 简 介

本书根据工科院校大学物理课程特点，并结合编者多年一线教学经验编写而成，包括质点运动学、牛顿定律、动量守恒定律和能量守恒定律、刚体转动和流体运动、静电场、静电场中的导体与电介质、振动、波动、气体动理论、热力学基础等内容。每章由授课章节、目的要求、重点难点、主要内容、例题精解等部分构成，书后精心编排了两套综合习题、三套综合测试，并给出了参考答案。

本书适用于普通高等院校工科专业的学生，同时对成人教育相关专业的学员，以及高等院校的物理教师也具有一定的参考价值。

版权专有　侵权必究

图书在版编目（CIP）数据

大学物理导学与提升教程. 上册／于智清主编. --
北京：北京理工大学出版社，2024.1
　　ISBN 978-7-5763-3456-2

　　Ⅰ.①大…　Ⅱ.①于…　Ⅲ.①物理学-高等学校-教材　Ⅳ.①O4

中国国家版本馆 CIP 数据核字（2024）第 034070 号

责任编辑：陆世立　　**文案编辑：**李　硕
责任校对：刘亚男　　**责任印制：**李志强

出版发行 ／ 北京理工大学出版社有限责任公司
社　　址 ／ 北京市丰台区四合庄路 6 号
邮　　编 ／ 100070
电　　话 ／ （010）68914026（教材售后服务热线）
　　　　　　　（010）68944437（课件资源服务热线）
网　　址 ／ http://www.bitpress.com.cn

版 印 次 ／ 2024 年 1 月第 1 版第 1 次印刷
印　　刷 ／ 涿州市新华印刷有限公司
开　　本 ／ 787 mm×1092 mm　1/16
印　　张 ／ 10.5
字　　数 ／ 244 千字
定　　价 ／ 27.00 元

图书出现印装质量问题，请拨打售后服务热线，负责调换

前　言

　　大学物理是理工科各专业的一门重要基础课程，同时也是全国硕士研究生统一招生考试相关专业的专业科目。与高中物理相比，大学物理的理论更加抽象，逻辑推理更加严密，由于许多物理问题的概念性、理论性、技巧性较强，又需要以高等数学为工具，运用物理学的基本概念和规律去分析和解决问题，因此学生普遍反映这门课程较难学习。我们编写本书的目的就是帮助学生明确学习要求，理清知识脉络，尽快转变思维方式，掌握学习方法，提高综合应用所学知识分析问题和解决问题的能力，为后续课程的学习打下坚实的基础。

　　本书对大学物理课程知识点进行了简洁、清晰、全面的归纳，涉及的题型主要是选择题、填空题和计算题，题目难度适中，既能考查学生对物理基本概念、基本规律的理解，也能考查学生对物理知识的迁移能力和运用能力，具有较强的诊断意义，有利于促进大学物理课程的"教"和"学"。同时，本书还配套了各部分教学多媒体课件以及演示实验等电子资源，引导学生对所学知识进行归纳和总结，以期帮助学生产生新思维，发现并解决新问题。

　　参加本书编写的工作人员分工如下：李星、于智清、刘悦（第一、二、三章），汪青杰（第四章），王逊（第五、六章），马振宁（第九、十章），翟中海（第十二章），王月华（第十三章）。

　　本书在编写过程中参考了相关的教材、教学辅导书和网络电子资料，章节序号与马文蔚等主编的《物理学（第六版）》各章节序号一致，并根据一般院校教学大纲要求省略了部分章节的内容。

　　由于编写时间仓促，加之编者水平有限，书中难免出现疏漏和不当之处，恳请广大读者批评指正。

编　者

2023 年 6 月

前　言

目　录

大学物理导学与提升教程（上册）

学　　号：_____

姓　　名：_____

班　　级：_____

授课教师：_____

授课章节	第一章　质点运动学 1-1 质点运动的描述
目的要求	掌握描述质点运动的物理量位置矢量、位移、速度、加速度；能借助直角坐标系计算质点在平面内运动时的速度和加速度
重点难点	位移、速度和加速度的计算；运动学的两类基本问题

主要内容

一、运动的描述

1. 位置矢量（位矢、矢径）

位置矢量是描述质点在该时刻位置的物理量，在直角坐标系中可表示为

$$r = xi + yj + zk$$

2. 位移

位移与时间间隔 Δt 相对应，是描述 Δt 内质点位置变化的物理量，可表示为

$$\Delta r = r_2 - r_1 = (x_2 - x_1)i + (y_2 - y_1)j + (z_2 - z_1)k$$

运动方程是表示质点的位置和时间的函数关系的方程，例如

$$r(t) = x(t)i + y(t)j + z(t)k$$

或

$$x = x(t),\ y = y(t),\ z = z(t)$$

运动方程在运动学中非常重要，因为只要知道运动方程，便可以求得轨迹方程、速度和加速度等。

3. 速度

速度是描述质点位置变化快慢的物理量，可表示为

$$v = \frac{dr}{dt} = \frac{dx}{dt}i + \frac{dy}{dt}j + \frac{dz}{dt}k$$

4. 加速度

加速度是描述质点运动速度变化快慢的物理量，可表示为

$$a = \frac{dv}{dt} = \frac{dv_x}{dt}i + \frac{dv_y}{dt}j + \frac{dv_z}{dt}k$$

$$= \frac{d^2r}{dt^2} = \frac{d^2x}{dt^2}i + \frac{d^2y}{dt^2}j + \frac{d^2z}{dt^2}k$$

$$= a_x i + a_y j + a_z k$$

二、运动学的两类基本问题

运动学的两类基本问题如下：

（1）已知运动学方程 $r(t) = x(t)i + y(t)j + z(t)k$，求速度 $v = v(t)$、加速度 $a = a(t)$，求解这类问题通常采用求导的方法；

（2）已知加速度 a 和初始条件 r_0、v_0，求运动方程 $r = r(t)$，求解这类问题通常采用积分的方法。

积分方法解决问题的基本思路如下：

①根据已知条件寻找变量的基本关系；

②统一积分变量，并分离积分变量；

③等式两边同时积分，根据初始条件确定积分上下限；

④积分并整理得出结果。

例题精解

例题 1-1 已知一个质点的运动方程为 $r = 2ti + (2 - t^2)j$（单位为 m），试求：（1）$t = 1\ \text{s}$ 和 $t = 2\ \text{s}$ 时质点的位置矢量；（2）1 s 末和 2 s 末质点的速度；（3）质点的加速度。

解 （1）质点的位置矢量为：$t = 1\ \text{s}$ 时，$r_1 = 2i + j$；$t = 2\ \text{s}$ 时，$r_2 = 4i - 2j$。

（2）质点的速度为

$$v = \frac{\mathrm{d}r}{\mathrm{d}t} = 2i - 2tj$$

$t = 1\ \text{s}$ 时，$v_1 = 2i - 2j$，即 $v_1 = 2\sqrt{2}\ \text{m/s}$，$\theta_1 = 45°$（$v_1$ 为 $t = 1\ \text{s}$ 时质点的速度大小，θ_1 为 v_1 与 x 轴的夹角）。

$t = 2\ \text{s}$ 时，$v_2 = 2i - 4j$，即 $v_2 = 2\sqrt{5}\ \text{m/s}$，$\theta_2 = -62°23'$（$v_2$ 为 $t = 2\ \text{s}$ 时质点的速度大小，θ_2 为 v_2 与 x 轴的夹角）。

（3）质点的加速度为

$$a = \frac{\mathrm{d}v}{\mathrm{d}t} = -2j$$

例题 1-2 质点沿 x 轴运动，其加速度大小 $a = A(1 - Bt)$（A、B 均为正常数）。$t = 0$ 时，$x_0 = 0$，$v = v_0$，v_0 与 x 轴同向，试求：（1）$v = v(t)$；（2）$x = x(t)$。

解 （1）由 $a = \dfrac{\mathrm{d}v}{\mathrm{d}t}$ 知 $\mathrm{d}v = a\mathrm{d}t = A(1 - Bt)\mathrm{d}t$，两边积分得

$$\int_{v_0}^{v} \mathrm{d}v = \int_0^t A(1 - Bt)\mathrm{d}t$$

于是求得

$$v = v_0 + At\left(1 - \frac{B}{2}t\right)$$

（2）由 $v = \dfrac{\mathrm{d}x}{\mathrm{d}t}$ 知 $\mathrm{d}x = v\mathrm{d}t = \left[v_0 + At\left(1 - \dfrac{B}{2}t\right)\right]\mathrm{d}t$，两边积分得

$$\int_0^x \mathrm{d}x = \int_0^t \left(v_0 + At - \frac{1}{2}ABt^2 \right) \mathrm{d}t$$

于是求得

$$x = v_0 t + \frac{1}{2}At^2 - \frac{1}{6}ABt^3$$

授课章节	第一章　质点运动学 1-2 圆周运动；1-3 相对运动
目的要求	能计算质点做圆周运动时的角速度、角加速度、法向加速度和切向加速度；理解伽利略相对性原理，理解伽利略坐标变换和速度变换
重点难点	圆周运动的角量描述，以及角量与线量之间的关系；相对运动问题

主要内容

一、圆周运动

1. 圆周运动的角量表示

（1）角位置的表示符号为 θ。

（2）角位移的表示符号为 $\Delta\theta$。

（3）角速度可表示为

$$\omega = \lim_{\Delta t \to 0} \frac{\Delta\theta}{\Delta t} = \frac{\mathrm{d}\theta}{\mathrm{d}t}$$

若 ω 为常量，则该运动为匀角速圆周运动，即匀速圆周运动。

若 ω 不为常量，则该运动为非匀速圆周运动。

（4）瞬时角加速度可表示为

$$\alpha = \lim_{\Delta t \to 0} \frac{\Delta\omega}{\Delta t} = \frac{\mathrm{d}\omega}{\mathrm{d}t} = \frac{\mathrm{d}^2\theta}{\mathrm{d}t^2}$$

若 α 为常量，则该运动为匀变速圆周运动。

若 α 不为常量，则该运动为非匀变速圆周运动。

2. 圆周运动的线量表示

（1）圆周运动的速度可表示为

$$\boldsymbol{v} = v\boldsymbol{e}_{\mathrm{t}}$$

（2）圆周运动的加速度可表示为

$$\boldsymbol{a} = \frac{\mathrm{d}\boldsymbol{v}}{\mathrm{d}t} = a_{\mathrm{t}}\boldsymbol{e}_{\mathrm{t}} + a_{\mathrm{n}}\boldsymbol{e}_{\mathrm{n}} = \frac{\mathrm{d}v}{\mathrm{d}t}\boldsymbol{e}_{\mathrm{t}} + \frac{v^2}{R}\boldsymbol{e}_{\mathrm{n}}$$

（3）切向加速度的大小为 $a_{\mathrm{t}} = \dfrac{\mathrm{d}v}{\mathrm{d}t}$，它是由速度大小变化引起的。

（4）法向加速度的大小为 $a_{\mathrm{n}} = \dfrac{v^2}{R}$，它是由速度方向变化引起的。

法向加速度 $\boldsymbol{a}_{\mathrm{n}}$、切向加速度 $\boldsymbol{a}_{\mathrm{t}}$ 互相垂直，加速度大小 $a = \sqrt{a_{\mathrm{n}}^2 + a_{\mathrm{t}}^2}$，方向 $\varphi = \arctan\dfrac{a_{\mathrm{n}}}{a_{\mathrm{t}}}$（ φ 是 $\boldsymbol{a}$ 与 $\boldsymbol{a}_{\mathrm{t}}$ 的夹角），不再指向圆心。

3. 圆周运动的角量和线量的关系

圆周运动的角量和线量的关系可表示为

$$v = R\omega \ , \ a_t = R\alpha \ , \ a_n = R\omega^2$$

二、相对运动

一个质点相对于"静止参考系"和"运动参考系"的速度间的关系为

$$v_{绝对} = v_{相对} + v_{牵连}$$

式中，$v_{绝对}$ 是质点相对于绝对坐标系（定坐标系）的速度，称为绝对速度；$v_{相对}$ 是质点相对于动坐标系的速度，称为相对速度；$v_{牵连}$ 是动坐标系相对于定坐标系的平动速度，称为牵连速度。

例题精解

例题 1-3 一质点运动方程为 $r = 10(\cos 5t)i + 10(\sin 5t)j$（单位为 m），试求：(1) a_t；(2) a_n。

解 （1）易知 $v = \dfrac{dr}{dt} = -50(\sin 5t)i + 50(\cos 5t)j$，则质点的速度大小为

$$v = |v| = \sqrt{(-50\sin 5t)^2 + (50\cos 5t)^2} = 50 \text{ m/s}$$

于是，切向加速度的大小为

$$a_t = \frac{dv}{dt} = 0$$

（2）法向加速度的大小为 $a_n = \sqrt{a^2 - a_t^2} = a = 250 \text{ m/s}^2$。

例题 1-4 某人骑自行车以速率 v 向西行驶，北风以速率 v（相对于地面）吹来，问骑车者感到风速及风向如何？

解 设风为运动物体，则绝对速度 $|v_{风对地}| = v$，方向向南；牵连速度 $|v_{人对地}| = v$，方向向西。

由伽利略速度变换有 $v_{风对地} = v_{风对人} + v_{人对地}$，于是得 $v_{风对人} = v_{风对地} - v_{人对地}$，如图 1-1 所示。

因为 $|v_{人对地}| = |v_{风对地}| = v$，所以 $\alpha = 45°$，得出 $|v_{风对人}| = \sqrt{|v_{人对地}|^2 + |v_{风对地}|^2} = \sqrt{2}v$。

$v_{风对人}$ 的方向来自西北 45°，或南偏东 45°。

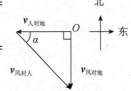

图 1-1 例题 1-4 图

授课章节	第二章　牛顿定律 2-1 牛顿定律；2-3 几种常见的力；2-4 牛顿定律的应用举例
目的要求	掌握牛顿运动定律及其适用条件；能用微积分方法求解一维变力作用下简单的质点动力学问题
重点难点	牛顿第二定律及其应用

主要内容

一、牛顿运动定律

1. 牛顿第一定律

牛顿第一定律可表示为

$$F = 0 \text{ 时}, v \text{ 为恒量}$$

说明：（1）该定律反映了物体的惯性，故也叫作惯性定律；

（2）该定律给出了力的概念，指出了力是改变物体运动状态的原因。

2. 牛顿第二定律

牛顿第二定律可表示为

$$F = ma$$

说明：（1）F 为合力；

（2）F 为瞬时关系；

（3）矢量关系；

（4）只适用于质点；

（5）解题时常写为

$$F = ma \Rightarrow \begin{cases} F_x = ma_x \\ F_y = ma_y \\ F_z = ma_z \end{cases} \quad (\text{直角坐标系})$$

$$F = ma \Rightarrow \begin{cases} F_n = ma_n = m\dfrac{v^2}{r} (\text{法向}) \\ \\ F_t = ma_t = m\dfrac{dv}{dt} (\text{切向}) \end{cases} \quad (\text{自然坐标系})$$

3. 牛顿第三定律

牛顿第三定律可表示为

$$F_1 = -F_2$$

说明：（1）F_1、F_2 在同一直线上，但作用在不同物体上；

（2）F_1、F_2 同时产生，同时消失，互不抵消。

二、力学中常见的 3 种力

1. 万有引力

任何物体之间都有相互吸引力，这个力叫作万有引力，它的大小与各个物体的质量成正比，而与它们之间距离的平方成反比。例如，质量分别为 m_1、m_2 的两个物体相距 r 时，它们之间的万有引力为

$$F = G\frac{m_1 m_2}{r^2} \quad (G = 6.67 \times 10^{-11} \text{ N} \cdot \text{m} \cdot \text{kg}^{-2}，为万有引力常量)$$

注意：万有引力是非接触力，在处理问题时经常作为变力处理。

重力是地球（地球质量为 M，半径为 R）对地面附近物体的万有引力，地面附近的重力加速度约为

$$g = G\frac{M}{R^2} = 9.80 \text{ m} \cdot \text{s}^{-2}$$

2. 弹性力

两个物体相互接触，彼此发生挤压形变时产生的力称为弹性力。压缩或拉伸弹簧时产生弹性力，在弹性限度内，弹性力 $f = -kx$（k 为弹簧的弹性系数）。两物体相互挤压时，产生正压力 N；绳索被拉伸时，产生张力 T，一般说来，绳上各点的张力不等，只有绳做水平匀速运动时，绳上各点的张力才相等。

3. 摩擦力

当物体间有相对滑动时，出现滑动摩擦力 $f = \mu N$（μ 是动摩擦因数）；当物体间仅有相对滑动趋势时，存在静摩擦力，其值的范围是 $0 \sim \mu_0 N$（μ_0 是最大静摩擦因数），而静摩擦力的大小只能由平衡条件或牛顿第二定律来确定。

三、牛顿运动定律常见类型题

牛顿运动定律有以下两种常见类型题：

（1）根据物体运动状态分析受力，再解方程的问题；

（2）物体受力和描述物体运动状态的物体量之间的互求问题。

例题精解

例题　桌面上放置一个固定圆环带，半径为 R，一个物体贴着环带内壁运动。物体与环带内壁的动摩擦因数为 μ_1，与桌面的动摩擦因数为 μ_2，如图2-1所示。物体以初速率 v_0 开始运动，求物体运动的路程。

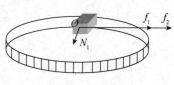

图 2-1　例题图

解　设物体质量为 m，运动的路程为 s。物体水平方向受力如下：N_1 为环带内壁给物体的法向力，方向指向圆心；f_1 为环带内壁给物体的摩擦力（切向）；f_2 为桌面给物体的摩擦力（切向）。物体竖直方向受力如下：N_2 为桌面给物体的支持力，它的反作用力为物体对桌面的正压力；mg 为物体所受重力。

由题意可写出

$$N_1 = \frac{mv^2}{R}, \ N_2 = mg$$

$$f_1 = \mu_1 N_1 = \mu_1 \frac{mv^2}{R}, \quad f_2 = \mu_2 N_2 = \mu_2 mg$$

切向力产生切向加速度，即

$$f_1 + f_2 = \mu_1 \frac{mv^2}{R} + \mu_2 mg = ma_\iota$$

$$= m\frac{\mathrm{d}v}{\mathrm{d}t} = -m\frac{\mathrm{d}v}{\mathrm{d}s} \cdot \frac{\mathrm{d}s}{\mathrm{d}t} = -mv\frac{\mathrm{d}v}{\mathrm{d}s}$$

可知 $\mathrm{d}s = -\dfrac{v\mathrm{d}v}{\mu_1 \dfrac{v^2}{R} + \mu_2 g}$，两边积分，即

$$\int_0^s \mathrm{d}s = -\int_{v_0}^0 \frac{v\mathrm{d}v}{\mu_1 \dfrac{v^2}{R} + \mu_2 g}$$

解得

$$s = \frac{R}{2\mu_1}\ln\left(\frac{\mu_1 v_0^2}{\mu_2 gR} + 1\right)$$

授课章节	第三章　动量守恒定律和能量守恒定律 3-1 质点和质点系的动量定理；3-2 动量守恒定律
目的要求	了解质心的概念；掌握质点的动量定理，并能分析、解决质点在平面内运动时的简单力学问题
重点难点	质点的动量定理；系统的动量守恒定律

主要内容

一、质点的动量定理

1. 动量

质点的质量 m 与其速度 v 的乘积称为质点的动量，记为 $\boldsymbol{p}$ ，其表达式为

$$\boldsymbol{p} = m\boldsymbol{v}$$

说明：（1）$\boldsymbol{p}$ 是矢量，方向与 v 相同；

（2）$\boldsymbol{p}$ 是状态量；

（3）$\boldsymbol{p}$ 是相对量；

（4）坐标和动量是描述物体状态的参量。

2. 冲量

力对时间的累积 $\int_{t_1}^{t_2} \boldsymbol{F} \mathrm{d}t$ 称为力 $\boldsymbol{F}$ 在 $t_1 \sim t_2$ 时间内对质点的冲量，记为 $\boldsymbol{I}$，其表达式为

$$\boldsymbol{I} = \int_{t_1}^{t_2} \boldsymbol{F} \mathrm{d}t$$

说明：（1）$\boldsymbol{I}$ 是矢量；

（2）$\boldsymbol{I}$ 是过程量；

（3）$\boldsymbol{I}$ 是力对时间的累积效应；

（4）$\boldsymbol{I}$ 的分量式为 $\begin{cases} I_x = \int_{t_1}^{t_2} F_x \mathrm{d}t \\ I_y = \int_{t_1}^{t_2} F_y \mathrm{d}t \\ I_z = \int_{t_1}^{t_2} F_z \mathrm{d}t \end{cases}$。

3. 质点的动量定理

质点所受合力的冲量等于质点动量的增量，这称为质点的动量定理，其表达式为

$$\boldsymbol{I} = \boldsymbol{p}_2 - \boldsymbol{p}_1$$

说明：（1）$\boldsymbol{I}$ 与 $\boldsymbol{p}_2 - \boldsymbol{p}_1$ 同方向；

（2）$\boldsymbol{I}$ 的分量式为 $\begin{cases} I_x = p_{2x} - p_{1x} \\ I_y = p_{2y} - p_{1y} \\ I_z = p_{2z} - p_{1z} \end{cases}$；

（3）过程量可用状态量表示，使问题得到简化；

（4）动量定理在小惯性系中才成立；

（5）动量定理对碰撞、打击、冲击、爆破等问题很有用。

二、质点系的动量定理

系统：一组质点。

内力：系统内质点间的作用力。

外力：系统外物体对系统内质点的作用力。

因为内力由一对一对的作用力与反作用力组成，所以合内力为零。

结论：系统所受合外力的冲量等于系统动量的增量，这就是质点系的动量定理，其表达式为

$$\int_{t_1}^{t_2} \boldsymbol{F}_{合外力} \mathrm{d}t = \int_{p_1}^{p_2} \mathrm{d}\boldsymbol{p} = \boldsymbol{p}_2 - \boldsymbol{p}_1$$

三、动量守恒定律

当系统所受的合外力为零时，系统动量不随时间变化，这称为动量守恒定律，其表达式为

$$\frac{\mathrm{d}\boldsymbol{p}}{\mathrm{d}t} = \boldsymbol{0}$$

说明：（1）动量守恒条件为 $\boldsymbol{F}_{合外力} = \boldsymbol{0}$；

（2）动量守恒是指系统的总动量守恒，而不是指其中个别物体的动量守恒；

（3）内力能改变系统动能，不能改变系统动量；

（4）当 $\boldsymbol{F}_{合外力} \neq \boldsymbol{0}$ 时，若合外力在某一方向上的分量为零，则在该方向上系统的动量分量守恒；

（5）动量守恒是指系统的动量为常矢量（不随时间变化），此时要求合外力恒等于零；

（6）动量守恒是自然界的普遍规律之一。

例题精解

例题 3-1 质量为 m 的铁锤竖直落下，打在木桩上并停下。设打击时间为 Δt，打击前铁锤速率为 v，则在打击木桩的时间内，铁锤受到的平均合外力的大小为多少？

解 设竖直向下为正方向，由动量定理可知

$$F\Delta t = 0 - mv \quad \Rightarrow \quad |\boldsymbol{F}| = \frac{mv}{\Delta t}$$

强调

动量定理中所说的是质点所受合外力的冲量等于质点动量的增量。

例题 3-2　一物体所受合力 $F = 2t$（单位为 N），做直线运动，试问在第二个 5 s 内和第一个 5 s 内物体受冲量之比及动量增量之比各为多少？

解　设物体沿 x 轴正方向运动，则有

$$I_1 = \int_0^5 F\mathrm{d}t = \int_0^5 2t\mathrm{d}t = 25 \text{ N} \cdot \text{s} \quad (\boldsymbol{I}_1 \text{ 沿 } x \text{ 轴正方向})$$

$$I_2 = \int_5^{10} F\mathrm{d}t = \int_5^{10} 2t\mathrm{d}t = 75 \text{ N} \cdot \text{s} \quad (\boldsymbol{I}_2 \text{ 沿 } x \text{ 轴正方向})$$

于是有

$$\frac{I_2}{I_1} = 3$$

因为　$\begin{cases} I_2 = (\Delta p)_2 \\ I_1 = (\Delta p)_1 \end{cases}$，所以　$\dfrac{(\Delta p)_2}{(\Delta p)_1} = 3$。

授课章节	第三章　动量守恒定律和能量守恒定律 3-4 动能定理；3-5 保守力与非保守力　势能
目的要求	掌握功的概念，能熟练计算作用在质点上的一维变力的功；理解保守力做功的特点及势能的概念
重点难点	变力的功；动能定理；势能

主要内容

一、功

功的定义：力对质点所做的功为力在质点位移方向的分量与位移大小的乘积，功是表示力的空间累积效应的物理量。

1. 恒力做的功

恒力做的功记为

$$W = Fs\cos\alpha = \boldsymbol{F} \cdot \boldsymbol{s}$$

式中，α 为 $\boldsymbol{F}$ 与 $\boldsymbol{s}$ 的夹角。

说明：（1）功是标量；

（2）功是过程量；

（3）功是相对量；

（4）作用力与反作用力的功的代数和不一定为零。

2. 变力做的功

质点沿某一路径 c 从点 a 运动到点 b，力 $\boldsymbol{F}$ 对质点所做的功为

$$W = \int_a^b \boldsymbol{F} \cdot \mathrm{d}\boldsymbol{r} = \int_a^b F\cos\theta\,\mathrm{d}r$$

式中，θ 为 $\boldsymbol{F}$ 与 $\boldsymbol{r}$ 的夹角。

在直角坐标系中，若

$$\boldsymbol{F} = F_x\boldsymbol{i} + F_y\boldsymbol{j} + F_z\boldsymbol{k}$$
$$\mathrm{d}\boldsymbol{r} = \mathrm{d}x\boldsymbol{i} + \mathrm{d}y\boldsymbol{j} + \mathrm{d}z\boldsymbol{k}$$

则

$$W = \int (F_x\mathrm{d}x + F_y\mathrm{d}y + F_z\mathrm{d}z)$$

3. 合力做的功

设质点受 n 个力，分别为 $\boldsymbol{F}_1$，$\boldsymbol{F}_2$，$\cdots$，$\boldsymbol{F}_n$，则合力做的功为

$$W = \int_a^b \boldsymbol{F} \cdot \mathrm{d}\boldsymbol{r} = \int_a^b (\boldsymbol{F}_1 + \boldsymbol{F}_2 + \cdots + \boldsymbol{F}_n) \cdot \mathrm{d}\boldsymbol{r}$$

$$= \int_a^b \boldsymbol{F}_1 \cdot \mathrm{d}\boldsymbol{r} + \int_a^b \boldsymbol{F}_2 \cdot \mathrm{d}\boldsymbol{r} + \cdots + \int_a^b \boldsymbol{F}_n \cdot \mathrm{d}\boldsymbol{r}$$

$$= W_1 + W_2 + \cdots + W_n$$

4. 保守力做的功

若力 $\boldsymbol{F}$ 做功与路径无关，则称这种力为保守力，其表达式为

$$\oint_c \boldsymbol{F} \cdot \mathrm{d}\boldsymbol{r} = 0$$

说明：万有引力、重力、弹性力都是保守力。

（1）万有引力做的功及其特点。

设质量为 m 的物体在质量为 M 的物体的引力场中运动，质量为 M 的物体不动，在质量为 m 的物体从 点 a 移到点 b 的过程中，万有引力做的功为

$$W = \int_a^b \boldsymbol{F} \cdot \mathrm{d}\boldsymbol{r}$$

在任意一点 c 处，$\boldsymbol{F} = -\dfrac{GmM}{r^3}\boldsymbol{r}$（变力），则

$$W = \int_a^b -\frac{GmM}{r^3}\boldsymbol{r} \cdot \mathrm{d}\boldsymbol{r} = -\int_a^b G\frac{mM}{r^3}r\mathrm{d}r = GmM\left(\frac{1}{r_b} - \frac{1}{r_a}\right)$$

特点：万有引力做的功只与物体始末位置有关，与物体运动路径无关。

（2）重力做的功及其特点。

质量为 m 的物体由 点 a 移到点 b，位移为 $\boldsymbol{s}$，在地面附近重力可视为恒力，故重力做的功为

$$W = m\boldsymbol{g} \cdot \boldsymbol{s} = mgs\cos \alpha = mg(h_a - h_b)$$

特点：重力做的功只与物体始末位置有关，与物体运动路径无关。

（3）弹性力做的功及其特点。

质量为 m 的物体处于坐标 x 处时，它受的弹性力为

$$\boldsymbol{F} = F\boldsymbol{i} = -kx\boldsymbol{i}, \begin{cases} x > 0, \boldsymbol{F} \text{ 沿 } x \text{ 轴负方向} \\ x < 0, \boldsymbol{F} \text{ 沿 } x \text{ 轴正方向} \end{cases}$$

物体从坐标 x_1 移动到坐标 x_2 的过程中，弹性力做的功为

$$W = \int_{x_1}^{x_2} \boldsymbol{F} \cdot \mathrm{d}\boldsymbol{x} = \int_{x_1}^{x_2} -kx\boldsymbol{i} \cdot \mathrm{d}x\boldsymbol{i}(\mathrm{d}\boldsymbol{x} = \mathrm{d}x\boldsymbol{i})$$

$$= -k\int_{x_1}^{x_2} x\mathrm{d}x = -\left(\frac{1}{2}kx_2^2 - \frac{1}{2}kx_1^2\right)$$

特点：弹性力做的功仅与物体始末位置有关，与物体运动路径无关。

二、动能定理

1. 动能

物体由于运动而具有的能量叫作动能，其定义为物体的质量与其运动速率的平方的乘积的一半，即

$$E_k = \frac{1}{2}mv^2$$

说明：（1）动能是标量；

（2）动能是相对量；

（3）动能是状态量。

2. 质点动能定理

质点动能定理是指合外力对物体所做的功等于物体动能的增量，即

$$W_{合} = \int_a^b \boldsymbol{F} \cdot d\boldsymbol{r} = E_{kb} - E_{ka} = \frac{1}{2}mv_b^2 - \frac{1}{2}mv_a^2$$

说明：（1）只有合外力对质点做功，质点的动能才发生变化；

（2）功是能量变化的量度，是过程量，与过程有关；

（3）动能取决于状态，是状态量；

（4）质点的动能定理只适用于惯性系（动能定理是由牛顿运动定律导出的）；

（5）动能定理提供了一种计算功的方法。

三、势能

对任何保守力，它的功都可以用相应的势能增量的负值来表示，即

$$W = -(E_{pb} - E_{pa})$$

结论：保守力做的功等于相应势能增量的负值。

万有引力势能：$E_p = -G\dfrac{mM}{r}$（势能零点取在无限远处）。

重力势能：$E_p = mgh$（势能零点取在某一水平面上）。

弹性势能：$E_p = \dfrac{1}{2}kx^2$（势能零点取在弹簧原长处）。

说明：（1）只有保守力场中才能引进势能概念；

（2）势能是属于系统的；

（3）势能是相对的。

例题精解

例题 3-3 如图 3-1 所示，质量为 m 的物体，从四分之一圆槽的点 A 处从静止开始下滑到点 B。在点 B 处速率为 v，槽半径为 R。求物体从 $A{\to}B$ 滑动过程中摩擦力做的功。

解 按照功定义 $W = \int_A^B \boldsymbol{F} \cdot d\boldsymbol{s}$，物体在任意一点 C 处，其切线方向的牛顿第二定律的方程为

$$mg\cos\theta - F_r = ma_t = m\frac{dv}{dt}$$

则

$$F_r = -m\frac{dv}{dt} + mg\cos\theta$$

$$W = \int_A^B \boldsymbol{F}_r \cdot d\boldsymbol{s} = \int_A^B |\boldsymbol{F}_r| \cdot |d\boldsymbol{s}| \cos \pi = -\int_A^B F_r ds = -\int_A^B \left(mg\cos \theta - m\frac{dv}{dt} \right) \cdot ds$$

$$= m\int_A^B \frac{dv}{dt} ds - \int_A^B mg\cos \theta ds = m\int_0^v vdv - \int_0^{\frac{\pi}{2}} mg\cos \theta Rd\theta$$

$$= \frac{1}{2}mv^2 - mgR$$

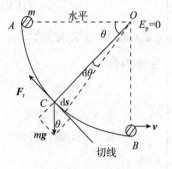

图 3-1 例题 3-3 图

授课章节	第三章　动量守恒定律和能量守恒定律 3-6 功能原理　机械能守恒定律； 3-7 完全弹性碰撞　完全非弹性碰撞；3-8 能量守恒定律
目的要求	会计算重力、弹性力和万有引力的势能；掌握质点的动能定理；掌握机械能守恒定律以及运用守恒定律分析问题的思想和方法
重点难点	势能的计算；机械能守恒定律

主要内容

一、功能原理

1. 质点系动能定理

将质点的动能定理推广到质点系（物体系），得

$$W_{外} + W_{非保内} + W_{保内} = E_{k2} - E_{k1}$$

由上式可知，系统中所有外力的功与非保守内力的功和保守内力的功的代数和等于系统动能的增量。

2. 功能原理

作用在质点上的力可分为保守力和非保守力，把保守力的受力者与施力者都划在系统中，则保守力就为内力了。因此内力可分为保守内力和非保守内力，内力功可分为保守内力功和非保守内力功。

由于 $W_{保内} = E_{p2} - E_{p1}$，将其代入上述质点系动能定理的表达式中，则有

$$W_{外} + W_{非保内} = (E_{k2} + E_{p2}) - (E_{k1} + E_{p1})$$

结论：合外力功+非保守内力功＝系统机械能（动能+势能）的增量，这就是功能原理。

说明：（1）功能原理中，功不含有保守内力的功，而动能定理中含有保守内力的功；

（2）功是能量变化或转化的量度；

（3）能量是系统状态的单值函数。

二、机械能守恒定律

由功能原理可知，当 $W_{外} + W_{非保内} = 0$ 时，有

$$E_{k2} + E_{p2} = E_{k1} + E_{p1}$$

结论：当 $W_{外} + W_{非保内} = 0$ 时，系统机械能为常量，这就是机械能守恒定律。

例题精解

例题 3-4　在万有引力作用下的质量为 m_1、m_2 的两质点，起初相距 l，均静止，试求当它们运动到距离为 $0.5\,l$ 时，它们的速率各为多少？

解　以两质点为系统，则系统的动量及机械能均守恒，即

$$m_1\boldsymbol{v}_1 + m_2\boldsymbol{v}_2 = \boldsymbol{0} \tag{1}$$

$$\frac{1}{2}m_1v_1^2 + \frac{1}{2}m_2v_2^2 - \frac{Gm_1m_2}{l/2} = -\frac{Gm_1m_2}{l} \tag{2}$$

由式（1）、（2）解得两质点的速率分别为

$$v_1 = m_2\sqrt{\frac{2G}{(m_1+m_2)l}}, \quad v_2 = m_1\sqrt{\frac{2G}{(m_1+m_2)l}}$$

授课章节	第四章　刚体转动和流体运动 4-1 刚体的定轴转动；4-2 力矩　转动定律　转动惯量
目的要求	掌握力矩、转动惯量的概念；掌握转动定律的应用
重点难点	力矩；转动惯量；转动定律

主要内容

一、力矩

力矩是改变刚体转动状态的原因，也是产生角加速度的原因，其矢量式和标量式如下。

（1）力矩的矢量式：$\boldsymbol{M} = \boldsymbol{r} \times \boldsymbol{F}$。

（2）力矩的标量式：$M = F \cdot r \cdot \sin\varphi$，式中，$\varphi$ 是 $\boldsymbol{r}$ 和 $\boldsymbol{F}$ 之间的夹角。

说明：力矩是矢量，其方向沿转轴，与刚体转动方向形成右手螺旋关系，一般计算可以转化为代数运算；若多个力作用于刚体，则合力矩等于这几个力的力矩的矢量和；对刚体系统而言，内力矩的代数和为零。

二、转动惯量

转动惯量是刚体绕定轴转动时转动惯性大小的量度，用 J 表示。

转动惯量的表达式为

$$J = \sum_i \Delta m_i r_i^2$$

当刚体质量连续分布时，有

$$J = \int r^2 \mathrm{d}m$$

影响转动惯量的因素有 3 个，分别是总质量、质量的分布、转轴的位置。

三、计算刚体转动惯量的规律

（1）同轴的叠加性原理可表示为

$$J = J_1 + J_2 + \cdots$$

式中，J_i 是各刚体对同一转轴的转动惯量。

（2）平行轴定理可表示为

$$J = J_c + mh^2$$

式中，J_c 是刚体对质心轴的转动惯量；h 是任意轴距质心轴的垂直距离。

常用刚体的转动惯量如下。

质点：$J = mr^2$；细杆绕其质心轴：$J = \dfrac{1}{12}ml^2$；细杆绕其一端轴：$J = \dfrac{1}{3}ml^2$；均质圆盘

（圆柱）绕其质心轴：$J = \dfrac{1}{2}mR^2$。

四、刚体的定轴转动定律

刚体所受的合外力矩等于刚体转动惯量和角加速度的乘积，即

$$M = J\alpha$$

注意：定轴转动定律 $M = J\alpha$ 与牛顿第二运动定律 $F = ma$ 的对比。

应用定轴转动定律的基本解题步骤如下。

（1）分析题意，采用隔离法进行受力分析，画出受力图。

（2）对于平动的刚体，可以将其看作质点，应用牛顿第二定律列出方程；对于绕定轴转动的刚体，分析其所受外力矩的情况，必须用定轴转动定律列出方程。

（3）寻找角线量关系和其他运动学规律。

（4）联立方程求解，得出结果。

例题精解

　　例题 4-1　一质量为 m 的物体悬于一条轻绳的一端，绳另一端绕在一轮轴的轴上，如图 4-1 所示。轴水平且垂直于轮轴面，其半径为 r，整个装置架在光滑的固定轴承上。当物体从静止释放后，在时间 t 内下降了一段距离 s。试求整个轮轴的转动惯量（用 m、r、t 和 s 表示）。

图 4-1　例题 4-1 图

　　解　对物体进行受力分析，列出牛顿第二定律

$$mg - T = m\alpha \tag{①}$$

对轮轴进行受力分析，列出转动定律

$$Tr = J\alpha \tag{②}$$

列角、线量关系为

$$\alpha = r\alpha \tag{③}$$

根据已知条件 $v_0 = 0$，得

$$s = \frac{1}{2}\alpha t^2, \ \alpha = 2s/t^2 \tag{④}$$

由①、②、③、④式解得

$$J = mr^2\left(\frac{gt^2}{2S} - 1\right)$$

授课章节	第四章　刚体转动和流体运动 4-3 角动量　角动量守恒定律；4-4 力矩做功　刚体绕定轴转动的动能定理
目的要求	掌握角动量、转动动能的概念；掌握角动量守恒定律的应用
重点难点	角动量守恒

主要内容

一、刚体定轴转动过程中的功能关系

1. 力矩的功

力矩的功主要反映力矩的空间累积效果，其表达式为

$$W = \int_{\theta_1}^{\theta_2} M \mathrm{d}\theta$$

式中，θ 为刚体在外力作用下转动的角度。

2. 转动动能和重力势能

刚体因转动而具有的动能 $E_k = \frac{1}{2}J\omega^2$。

刚体的重力势能 $E_p = mgh_c$（h_c 为刚体质心的高度）。

3. 刚体的动能定理

合外力矩对刚体所做的功等于刚体转动动能的增量，这就是刚体的动能定理，其表达式为

$$\int_{\theta_1}^{\theta_2} M\mathrm{d}\theta = \frac{1}{2}J\omega_2^2 - \frac{1}{2}J\omega_1^2$$

说明：在刚体做定轴转动的情况下，功能原理和机械能守恒定律仍然成立，只是在计算时要注意，对于刚体应为转动动能和质心势能。

二、角动量、角动量定理和角动量守恒定律

1. 角动量（也称作动量矩）

刚体的角动量大小等于转动惯量与角速度的乘积，即

$$L = J\omega$$

质点对某一轴的角动量（仅讨论平面运动的情况）的表达式为

$$L = r \times mv \text{ 或 } L = mvr\sin\varphi$$

式中，φ 为 r 与 v 的夹角。

当质点做半径为 r 的圆周运动时，质点对圆心 O 的角动量大小为

$$L = mvr \quad 或 \quad L = J\omega$$

2. 角动量定理

合外力矩给予刚体的冲量矩等于刚体角动量的增量，该增量反映了力矩的时间累积效果，即

$$\int_{t_1}^{t_2} M\mathrm{d}t = J_2\omega_2 - J_1\omega_1$$

3. 角动量守恒定律

当刚体所受合外力矩的冲量矩等于零时，即 $\int_{t_1}^{t_2} M\mathrm{d}t = 0$ 时，或刚体所受合外力矩等于零时，即 $M = 0$ 时，刚体的角动量在运动中保持不变，即

$$J_2\omega_2 = J_1\omega_1$$

角动量守恒定律也适用于质点与刚体组成的系统。

说明：（1）注意质点的角动量与刚体的角动量的不同表达形式和相同的物理本质；

（2）守恒是对系统而言的，但在系统内部角动量是可以传递与转移的；

（3）在解决平动的质点与具有固定转轴的刚体进行碰撞，或刚体与刚体的碰撞问题时，不能用动量守恒定律，而要用角动量守恒定律来处理；

（4）碰撞过程不一定满足机械能守恒定律，从能量损失上看，同样可以分为完全弹性碰撞、非完全弹性碰撞或完全非弹性碰撞；

（5）角动量守恒定律是自然界的普遍规律，其使用范围是比较广泛的，但应用角动量守恒定律的前提是，由质点和刚体组成的系统在碰撞过程中所受的合外力矩为零。

例题精解

例题 4-2　一半径为 R、质量为 m_0 的圆盘可绕竖直的中心轴 z 旋转，圆盘上距转轴为 $R/2$ 处站有一质量为 m 的人。设开始时圆盘与人相对于地面以角速度 ω_0 匀速转动，求此人走到圆盘边缘时，人和圆盘一起转动的角速度 ω。

解　取人与圆盘为一系统，由于圆盘和人的重力以及转轴对圆盘的支撑力都平行于转轴，这些力对转轴的力矩为零，因此系统对该转轴的角动量守恒。初始时刻，系统的角动量大小为

$$L_0 = \frac{1}{2}m_0 R^2 \omega_0 + m\left(\frac{R}{2}\right)^2 \omega_0$$

在末状态时，系统的角动量大小为

$$L = \frac{1}{2}m_0 R^2 \omega + mR^2 \omega$$

根据角动量守恒可知 $L = L_0$，所以有

$$\omega = \frac{2m_0 + m}{2m_0 + 4m}\omega_0$$

授课章节	第五章　静电场 5-1 电荷的量子化　电荷守恒定律；5-2 库仑定律；5-3 电场强度
目的要求	了解静电现象和电荷量子化的概念；能够用库仑定律和电场叠加原理计算点电荷、点电荷系和简单几何形状的带电体（如均匀带电直线，无限大平面、圆环、圆面、柱面和球面等）形成的电场
重点难点	电场强度的概念；电场强度的叠加原理

主要内容

一、电场线

电场线上任意一点的切线方向是该点电场强度的方向，其疏密程度反映电场的强弱。规定电场强度大小与电场线疏密之间关系的表达式为

$$E = \frac{\mathrm{d}\Phi_e}{\mathrm{d}S_\perp}$$

式中，$\mathrm{d}S_\perp$ 表示垂直某点电场方向取的面元的面积；$\mathrm{d}\Phi_e$ 表示通过该面元的电通量。

电场线的性质：不闭合，不相交，起于正电荷，止于负电荷，无电荷处不中断。

二、真空中的库仑定律

真空中两个点电荷相互作用时，其作用力为

$$F = \frac{1}{4\pi\varepsilon_0} \frac{q_1 q_2}{r^2} e_r$$

式中，e_r 为单位矢径（注意方向判断）。

三、电场强度

电场强度（简称场强）是用来描述电场强弱和方向的物理量，根据定义，其可由单位试验电荷在电场中某点所受电场力来确定，即

$$E = \frac{F}{q_0} \quad (q_0\text{为试验电荷})$$

电场强度的方向与正电荷所受电场力的方向相同，并且电场强度由电场性质决定，与放入场中的试验电荷无关。

四、电场强度的叠加原理

多个点电荷产生的电场中某点的电场强度等于每个点电荷单独存在时在该点产生电场强度的矢量叠加，即

$$E = \sum E_n = \left(\sum E_{nx}\right)i + \left(\sum E_{ny}\right)j + \left(\sum E_{ny}\right)k$$

五、电场强度的计算

（1）对于点电荷，利用下式计算

$$E = \frac{1}{4\pi\varepsilon_0}\frac{Q}{r^2}\boldsymbol{e}_r$$

式中，ε_0 为真空介电常量。

（2）对于点电荷系，利用叠加原理计算

$$E = \boldsymbol{E}_1 + \boldsymbol{E}_2 + \cdots = \sum\left(\frac{1}{4\pi\varepsilon_0}\frac{Q_i}{r^2}\right)\boldsymbol{e}_r$$

（3）对于电荷连续分布的带电体，利用微积分法计算

$$\mathrm{d}\boldsymbol{E} = \frac{1}{4\pi\varepsilon_0}\frac{\mathrm{d}q}{r^2}\boldsymbol{e}_r,\ \boldsymbol{E} = \int_Q \mathrm{d}\boldsymbol{E} = \int_Q \frac{1}{4\pi\varepsilon_0}\frac{\mathrm{d}q}{r^2}\boldsymbol{e}_r$$

式中，$\mathrm{d}q = \lambda\mathrm{d}l$（线分布）；$\mathrm{d}q = \sigma\mathrm{d}S$（面分布）；$\mathrm{d}q = \rho\mathrm{d}V$（体分布）。

注意：对于电荷元电场方向不同的情况，要先将电荷元电场方向分解，然后在分解的方向上对电场强度分量积分求解，此方法一般用于解决有限大的带电体的电场分布问题。例如

$$E_x = \int_Q \mathrm{d}E_x,\ E_y = \int_Q \mathrm{d}E_y$$

$$\boldsymbol{E} = E_x\boldsymbol{i} + E_y\boldsymbol{j}$$

例题精解

例题 5-1 如图 5-1 所示，设有一段直线均匀带电，电荷线密度为 λ，点 P 距直线距离为 a，求点 P 的电场强度。

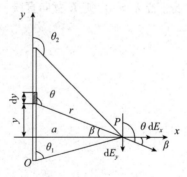

图 5-1 例题 5-1 图

解 取如图 5-1 所示的坐标系，把带电直线分成一系列点电荷，$\mathrm{d}y$ 段在点 P 产生的电场强度大小为

$$\mathrm{d}E = \frac{\mathrm{d}q}{4\pi\varepsilon_0 r^2} = \frac{\lambda\mathrm{d}y}{4\pi\varepsilon_0 r^2} \tag{1}$$

由图 5-1 可知，$y = a\tan\beta = a\tan\left(\theta - \dfrac{\pi}{2}\right) = -a\tan\left(\dfrac{\pi}{2} - \theta\right) = -a\cot\theta$，则

$$\mathrm{d}y = a\csc^2\theta\mathrm{d}\theta \tag{2}$$

并且有

$$r = \frac{a}{\cos \beta} = \frac{a}{\sin \theta} \tag{3}$$

将式（2）和式（3）代入式（1）中，则

$$dE = \frac{\lambda dy}{4\pi\varepsilon_0 r^2} = \frac{\lambda a \csc^2\theta d\theta}{4\pi\varepsilon_0 \dfrac{a^2}{\sin^2\theta}} = \frac{\lambda d\theta}{4\pi\varepsilon_0 a}$$

于是有

$$dE_x = dE\cos\beta = dE\cos\left(\theta - \frac{\pi}{2}\right) = dE\cos\left(\frac{\pi}{2} - \theta\right) = dE\sin\theta = \frac{\lambda d\theta}{4\pi\varepsilon_0 a}\sin\theta$$

因此

$$E_x = \int dE_x = \int_{\theta_1}^{\theta_2} \frac{\lambda d\theta}{4\pi\varepsilon_0 a}\sin\theta = \frac{\lambda}{4\pi\varepsilon_0 a}(\cos\theta_1 - \cos\theta_2)$$

同理

$$dE_y = -dE\sin\beta = dE\cos\theta$$

因此

$$E_y = \int dE_y = \int_{\theta_1}^{\theta_2} \frac{\lambda\cos\theta}{4\pi\varepsilon_0 a}d\theta = \frac{\lambda}{4\pi\varepsilon_0 a}(\sin\theta_2 - \sin\theta_1)$$

讨论

对于无限长均匀带电直线，$\theta_1 = 0$，$\theta_2 = \pi$，得出 $E_x = \frac{\lambda}{2\pi\varepsilon_0 a}$，$E_y = 0$，即无限长均匀带电直线产生的电场垂直于它本身。若 $\lambda > 0$，则 E 背向直线；若 $\lambda < 0$，则 E 指向直线。

授课章节	第五章　静电场 5-4 电场强度通量　高斯定理
目的要求	掌握电通量的概念；理解并能用高斯定理计算电荷均匀分布的带电系统的电场强度
重点难点	高斯定理的理解和应用

主要内容

一、电通量

电通量（电场强度通量）是用来描述电场分布情况的物理量，根据定义，其可用在电场中穿过任意面积电场线的条数来确定，即

$$d\Phi_e = E \cdot dS$$

$$\Phi_e = \int_S E \cdot dS = \int_S E\cos\theta dS (\theta 为电场强度矢量与面元矢量的夹角)$$

注意：dS 的方向为面积的正法向（特点为垂直曲面指向曲面凸起的方向）。

对于均匀电场，电通量的表达式为

$$\Phi_e = E \cdot S = ES\cos\theta$$

二、静电场的高斯定理

静电场的高斯定理是反映静电场性质的定理，说明静电场是有源场，其表达式为

$$\oint_S E \cdot dS = \frac{\sum q_i^{in}}{\varepsilon_0} （点电荷系）$$

式中，$\sum q_i^{in}$ 为高斯面内所包围的电荷的代数和，其积分形式的表达式为

$$\oint_S E \cdot dS = \frac{1}{\varepsilon_0}\int_V \rho dV （电荷连续分布的带电体）$$

注意：（1）在理解高斯定理时，应区分电场强度（矢量）和电通量（标量）的关系，穿过闭合高斯面的电通量只与高斯面内包围的电荷有关，与高斯面外的电荷无关，但电场强度与高斯面内外的电荷均有关；

（2）$\sum q_i^{in} = 0$ 并不意味高斯面内无电荷，而是无净电荷，即正负电荷代数和为零。

三、高斯定理的应用

常见的对称性电场类型有：均匀带电球状体（含点电荷）、无限长均匀带电柱状体（含线状）和无限大均匀带电板状体。

高斯面选取的一般原则是：使高斯面上各点电场强度大小相等，或电场强度方向与面积法向相垂直，以利于积分计算。

解题步骤如下：

（1）利用对称性选取合适的闭合高斯面；
（2）计算出高斯面内包围的电荷的代数和；
（3）利用电荷的代数和与电通量的关系，求出电场强度分布的表达式。

例题精解

例题 5-2　求厚度为 a、电荷体密度为 ρ 的均匀"无限大"带电平板内、外电场强度的分布。

解　建立如图 5-2（a）所示的坐标系，对板外任意一点 $P\left(x > \dfrac{a}{2}\right)$，关于 y 轴对称作闭合圆柱面，如图 5-2（b）所示，点 P 处于右侧底面上，由高斯定理得

$$\oint_S \boldsymbol{E} \cdot \mathrm{d}\boldsymbol{S} = \frac{\sum q}{\varepsilon_0}$$

$$\oint_S \boldsymbol{E} \cdot \mathrm{d}\boldsymbol{S} = \int_{S左} \boldsymbol{E} \cdot \mathrm{d}\boldsymbol{S} + \int_{S右} \boldsymbol{E} \cdot \mathrm{d}\boldsymbol{S} + \int_{S侧} \boldsymbol{E} \cdot \mathrm{d}\boldsymbol{S}$$

对于侧面，θ 为 $\dfrac{\pi}{2}$，则

$$\int_{S侧} \boldsymbol{E} \cdot \mathrm{d}\boldsymbol{S} = \int_{S侧} E\cos\theta \, \mathrm{d}S = 0$$

于是

$$2E\Delta S = \frac{\rho \Delta S a}{\varepsilon_0}, \quad E_{外} = \frac{\rho}{2\varepsilon_0}a$$

同理，对板内任意一点 P'，$x < \dfrac{a}{2}$，也作类似的关于 y 轴对称的圆柱面，由高斯定理得

$$\oint_S \boldsymbol{E} \cdot \mathrm{d}\boldsymbol{S} = \frac{\sum q}{\varepsilon_0} = \frac{\rho \Delta S' 2x}{\varepsilon_0}$$

$$2E\Delta S' = \frac{\rho \Delta S' 2x}{\varepsilon_0}, \quad E_{内} = \frac{\rho x}{\varepsilon_0}$$

则 $\boldsymbol{E}$ 的空间分布如图 5-2（a）所示。

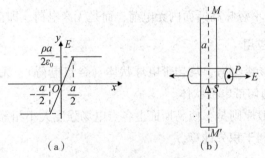

（a）　　　　　　　　　（b）

图 5-2　例题 5-2 图

授课章节	第五章　静电场 5-6 静电场的环路定理　电势能；5-7 电势
目的要求	理解静电力的做功与路径无关的保守力特征；掌握静电场环路定理的物理意义及电势的概念；能够用电势叠加和电场强度积分两种方法计算点电荷、点电荷系和几何形状简单的带电体形成的电势分布
重点难点	静电场环路定理的理解；电势能的概念；电势叠加原理

主要内容

一、静电场的环路定理

静电场的环路定理是反映静电场性质的定理，说明静电场是保守场，其表达式为

$$\oint_L \boldsymbol{E} \cdot \mathrm{d}\boldsymbol{l} = 0$$

二、电势能

电势能是指在电场力作用下电荷在某位置处具有的势能，其表达式为

$$E_{\mathrm{p}}(a) = \int_a^0 q_0 \boldsymbol{E} \cdot \mathrm{d}\boldsymbol{l}$$

说明：电势能在数值上等于电荷从场中某点移动到电势能零点的过程中电场力做的功。

三、电势

电势是用来描述电场能量性质的物理量，根据定义，其可由单位试验电荷在电场中某点具有的电势能来确定，如电场中点 a 电势为

$$V(a) = \frac{E_{\mathrm{p}}(a)}{q_0} = \int_a^0 \boldsymbol{E} \cdot \mathrm{d}\boldsymbol{l}$$

说明：（1）电势在数值上等于单位电荷在电场力作用下从场中某点移动到电势能零点过程中电场力做的功；

（2）电势由电场性质决定，与试验电荷无关，电场中某点的电势具有相对性，与电势零点选取有关，电势零点与电势能零点相同；

（3）带电体为有限大时，一般选择"无穷远处"为电势零点，带电体为无限分布时，电势零点选取将视具体问题而定；

（4）只有电场力作用时，由静止释放的正电荷将从高电势向低电势方向移动，即沿电场线方向电势降低。

四、电势差

电势差是指电场中任意两点电势的差值，其表达式为

$$U_{ab} = V_a - V_b = \int_a^b \boldsymbol{E} \cdot \mathrm{d}\boldsymbol{l}$$

说明：（1）电势差在数值上等于单位试验电荷在电场中从点 a 移动到点 b 的过程中电场力做的功；

（2）电势差具有绝对性，与电势零点的选取无关。

五、电势叠加原理

多个点电荷产生的电场中某点的电势等于每个点电荷单独存在时在该点产生电势的代数和，其表达式为

$$V = \sum V_i = V_1 + V_2 + \cdots$$

六、电势计算

（1）对于点电荷，利用以下表达式计算

$$V = \frac{1}{4\pi\varepsilon_0} \cdot \frac{Q}{r}$$

（2）对于点电荷系，利用叠加原理计算

$$V = V_1 + V_2 + \cdots = \sum \left(\frac{1}{4\pi\varepsilon_0} \frac{Q_i}{r_i} \right)$$

（3）对于电荷连续分布的带电体，利用微积分法计算

$$\mathrm{d}V = \frac{1}{4\pi\varepsilon_0} \frac{\mathrm{d}q}{r}$$

$$V = \int_Q \mathrm{d}V = \int_Q \frac{1}{4\pi\varepsilon_0} \frac{\mathrm{d}q}{r}$$

注意：此法一般用于解决有限大带电体问题，解题时先将带电体切割，确定任意电荷元的电势，然后根据叠加原理积分得出结果。

（4）对于均匀带电圆环，其轴线上任意一点的电势为

$$V = \frac{1}{4\pi\varepsilon_0} \frac{Q}{(R^2 + x^2)^{1/2}}$$

式中，R 为带电圆环的半径，x 为圆环轴线上任意一点到圆环的垂直距离。
圆心处电势为

$$V = \frac{Q}{4\pi\varepsilon_0 R}$$

（5）对于均匀带电球面，其球面内任意一点的电势为

$$V = \frac{Q}{4\pi\varepsilon_0 R} \text{（电势处处相等）}$$

球面外任意一点的电势为

$$V = \frac{Q}{4\pi\varepsilon_0 r}$$（相当于将电荷集中在球心处的点电荷在球面外空间产生电场的电势）

例题精解

　　例题 5-3　如图 5-3 所示，半径为 R、电荷体密度为 ρ 的均匀带电球体内挖去一个以点 O' 为球心、r' 为半径的球体，点 O 与点 O' 的距离为 a，且 $a + r' < R$，试求：（1）点 O' 处的电场强度；（2）点 O' 处的电势；（3）将点电荷 q 从点 O' 处移至无穷远电场力所做的功；（4）空腔内的电场强度。

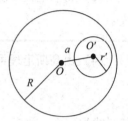

　　解　该带空腔的球体的电场可看作一电荷体密度为 ρ 的大实心球体和在空腔位置处一电荷体密度为 $-\rho$ 的小实心球体电场的叠加。

图 5-3　例题 5-3 图（1）

　　（1）大实心球体在距点 O 为 r_1 处的电场强度可由高斯定理求得，即

$$\oint_S \boldsymbol{E}_1 \cdot \mathrm{d}\boldsymbol{S} = \frac{\sum q_i}{\varepsilon_0}$$

$$E_1 \cdot 4\pi r_1^2 = \frac{1}{\varepsilon_0} \cdot \frac{4}{3}\pi r_1^3 \rho$$

则 $E_1 = \dfrac{r_1 \rho}{3\varepsilon_0}$，其方向由点 O 指向点 O'。

　　同理，带负电荷的小实心球体在距点 O 为 r_2 处产生的电场强度也由高斯定理求得，即

$$E_2 \cdot 4\pi r_2^2 = \frac{1}{\varepsilon_0}\left(-\frac{4}{3}\pi r_2^3 \rho\right)$$

$$E_2 = -\frac{r_2 \rho}{3\varepsilon_0}$$

　　因为点 O' 处 $r_1 = a$，$r_2 = 0$，$E_2 = 0$，则点 O' 处总电场强度大小为 $E = E_1 + E_2 = \dfrac{a\rho}{3\varepsilon_0}$，其方向由点 O 指向点 O'。

　　（2）大实心球体在点 O' 处产生的电势为

$$V_1 = \int_a^\infty \boldsymbol{E} \cdot \mathrm{d}\boldsymbol{r} = \int_a^\infty E\mathrm{d}r = \int_a^R \frac{r\rho}{3\varepsilon_0}\mathrm{d}r + \int_R^\infty \frac{1}{4\pi\varepsilon_0}\frac{4\pi R^3 \rho}{3r^2}\mathrm{d}r$$

$$= \frac{\rho}{6\varepsilon_0}(R^2 - a^2) + \frac{R^2 \rho}{3\varepsilon_0} = \frac{\rho}{6\varepsilon_0}(3R^2 - a^2)$$

　　小实心球体在点 O' 处产生的电势为

$$V_2 = \int_0^\infty \boldsymbol{E} \cdot \mathrm{d}\boldsymbol{r} = \int_0^{r'} -\frac{r\rho}{3\varepsilon_0}\mathrm{d}r + \int_{r'}^\infty -\frac{1}{4\pi\varepsilon_0}\frac{4\pi r'^3 \rho}{3r^2}\mathrm{d}r$$

$$= -\frac{\rho r'^2}{6\varepsilon_0} - \frac{r'^2\rho}{3\varepsilon_0} = -\frac{\rho r'^2}{2\varepsilon_0}$$

则点 O' 处的电势为

$$V_{O'} = V_1 + V_2 = \frac{\rho}{6\varepsilon_0}(3R^2 - a^2 - 3r'^2)$$

（3）将点电荷 q 从点 O' 处移到无穷远，电场力所做的功为

$$A_{O'\infty} = \frac{q\rho}{6\varepsilon_0}(3R^2 - a^2 - 3r'^2)$$

（4）由高斯定理可得，对均匀带电球体内任意一点，其电场强度表达式为

$$E \cdot 4\pi r^2 = \frac{\rho}{\varepsilon_0}\frac{4\pi r^3}{3}$$

矢量式为

$$\boldsymbol{E} = \frac{\rho \boldsymbol{r}}{3\varepsilon_0}$$

如图 5-4 所示，根据叠加原理得，空腔内的电场强度为

$$\boldsymbol{E}_{\mathrm{in}} = \frac{\rho \boldsymbol{r}_1}{3\varepsilon_0} + \frac{(-\rho)\boldsymbol{r}_2}{3\varepsilon_0} = \frac{\rho}{3\varepsilon_0}(\boldsymbol{r}_1 - \boldsymbol{r}_2)$$

由图 5-4 可知，$|\boldsymbol{r}_1 - \boldsymbol{r}_2| = |\overrightarrow{OO'}| = a$ ，可得

$$E = \frac{\rho a}{3\varepsilon_0}$$

空腔内为均匀电场，电场强度的方向沿两球心连线点 O 指向点 O' 。

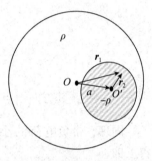

图 5-4 例题 5-3 图（2）

授课章节	第五章　静电场 5-8 电场强度与电势梯度
目的要求	理解电势梯度的概念，掌握用电势分布计算电场强度分布的方法
重点难点	电势梯度的概念

主要内容

一、等势面

等势面有以下几种性质。

（1）等势面是由电势相等的点构成的面，等势面的疏密程度可以反映电场的强弱。

（2）规定任意相邻的两个等势面电势差相同。

（3）电场线与等势面垂直相交；电场线方向总是指向电势降低的方向；电场线越密集，等势面间距越小，电场强度就越大。

二、电场强度与电势梯度的关系

电场强度与电势梯度的关系为

$$\boldsymbol{E} = -\operatorname{grad} V = -\nabla V \left(\nabla = \frac{\partial}{\partial x}\boldsymbol{i} + \frac{\partial}{\partial y}\boldsymbol{j} + \frac{\partial}{\partial z}\boldsymbol{k}\right)$$

例题精解

例题 5-4　如图 5-5 所示，半径为 R 的均匀带电圆盘，其电荷面密度为 σ，试求在圆盘轴线上距圆盘中心 O 为 x 的任意一点 P 处的电场强度和电势。

解　（1）求电场强度。把圆盘分为许多圆环，半径为 r，带宽为 $\mathrm{d}r$，其电荷量为 $\mathrm{d}q = \sigma\mathrm{d}S = \sigma 2\pi r\mathrm{d}r$。

由题意可得，点 P 处的电场强度大小为

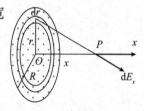

图 5-5　例题 5-4 图

$$E = \int \mathrm{d}E_x = \int \frac{1}{4\pi\varepsilon_0} \frac{x\mathrm{d}q}{(x^2 + r^2)^{3/2}} = \int_0^R \frac{\sigma}{2\varepsilon_0} \frac{xr\mathrm{d}r}{(x^2 + r^2)^{3/2}}$$

$$= \frac{\sigma}{2\varepsilon_0}\left(1 - \frac{x}{\sqrt{R^2 + x^2}}\right)$$

（2）求电势。

方法 1　根据电势定义，点 P 处的电势为

$$V = \int_P^\infty \boldsymbol{E} \cdot \mathrm{d}\boldsymbol{l} = \int_x^\infty \frac{\sigma}{2\varepsilon_0}\left(1 - \frac{x}{\sqrt{R^2 + x^2}}\right)\mathrm{d}x = \frac{\sigma}{2\varepsilon_0}\left(\sqrt{R^2 + x^2} - x\right)$$

方法 2　利用均匀带电圆环在轴线上的电势叠加，可知圆环在轴上距离环心为 x 处产生的电势为

$$\mathrm{d}V = \frac{\sigma 2\pi r\mathrm{d}r}{4\pi\varepsilon_0 \left(r^2 + x^2\right)^{\frac{1}{2}}}$$

因此，整个圆盘在轴线上点 P 处产生的电势为

$$V = \frac{\sigma}{2\varepsilon_0} \int_0^R \frac{r\mathrm{d}r}{\sqrt{r^2 + x^2}} = \frac{\sigma}{2\varepsilon_0}(\sqrt{R^2 + x^2} - x)$$

显然，此结果只有当电荷在圆盘上均匀分布时才成立。

授课章节	第六章　静电场中的导体与电介质 6-1 静电场中的导体；6-2 静电场中的电介质；6-3 电位移　有电介质时的高斯定理
目的要求	掌握导体的静电平衡条件，能分析导体中的电荷分布，计算有导体时的静电场中电场强度分布和电势分布；掌握有电介质时的高斯定理
重点难点	有电介质时的高斯定理

主要内容

一、导体处于静电平衡时的电场和电势特点

导体处于静电平衡时的特点为：导体内部电场强度处处为零，即 $E_内 = E_外 + E_感 = 0$；导体表面电场强度处处垂直于表面且大小为 $E = \sigma/\varepsilon_0$；导体上各点电势处处相等，即导体是等势体。

二、静电平衡状态下导体电荷分布特点

静电平衡状态下，导体内部无净电荷存在，电荷全部分布在导体表面，且与电场的曲率有关。

若导体为空腔导体，当腔内无带电体时，电荷只分布在外表面；当腔内电荷量的代数和为 q 时，内表面电荷量为 $-q$，外表面电荷量由电荷守恒定律决定。

三、静电屏蔽的原理

静电屏蔽的原理是：一个接地的空腔导体可以隔离内外电场的相互影响。

注意：讨论有导体时的静电场分布问题的基本依据主要是电荷守恒定律、导体的静电平衡条件、高斯定理和电势的概念等。

四、有电介质时的电场强度

有电介质时的电场强度为

$$E = \frac{E_0}{\varepsilon_r}$$

式中，ε_r 为电介质的相对介电常量；E_0 为真空条件下的电场强度。

五、有电介质时的电位移

有电介质时的电位移为 D，其表达式为

$$D = \varepsilon_r \varepsilon_0 E = \varepsilon E \text{（各向同性均匀电介质）}$$

式中，ε 为电介质的相对介电常量。

注意：在有电介质时，电场强度与电介质有关，电位移与电介质无关。

电位移线起于正自由电荷，止于负自由电荷；电位移线密度等于电位移的大小，且是电场线密度的 ε 倍。

电位移通量 $\Phi_D = \int_S \boldsymbol{D} \cdot \mathrm{d}\boldsymbol{S} = \int_S D\cos\theta\mathrm{d}S$。

六、有电介质时的高斯定理

有电介质时的高斯定理可表示为

$$\oint_S \boldsymbol{D} \cdot \mathrm{d}\boldsymbol{S} = \sum q_{0,\,i}$$

式中，$\sum q_{0,\,i}$ 仍为高斯面内所包围的自由电荷的代数和。

说明：有电介质时的高斯定理的应用类似于真空中静电场中高斯定理的应用，在解决有电介质时的电场强度分布问题时，一般先求出电位移分布，再利用电位移定义求出电场强度分布。

例题精解

例题 6-1　如图 6-1 所示，有一个电荷量为 $+q$、半径为 R_1 的导体球，与内外半径分别为 R_3、R_4，电荷量为 $-q$ 的导体球壳同心，两者之间有两层均匀电介质，内层和外层电介质的介电常量分别为 ε_1、ε_2，且两电介质分界面也是与导体球同心的半径为 R_2 的球面，试求：（1）电位移矢量分布；（2）电场强度分布；（3）导体球与导体球壳的电势差。

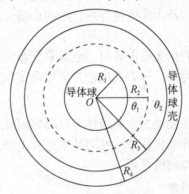

图 6-1　例题 6-1 图

解　（1）由题意知，电场是球对称的，选球形高斯面 S，则

$$\oint_S \boldsymbol{D} \cdot \mathrm{d}\boldsymbol{S} = \sum_{S_内} q_0$$

于是有

$$D \cdot 4\pi r^2 = \sum_{S_内} q_0$$

最后得

$$D = \begin{cases} 0 & (r < R_1) \\[2mm] \dfrac{q}{4\pi r^2} & (R_2 < r < R_3) \\[2mm] 0 & (r > R_3) \end{cases}$$

$\boldsymbol{D}$ 的方向沿导体球半径向外。

（2）因为 $E = \dfrac{D}{\varepsilon}$，所以有

$$
E = \begin{cases}
0 & (r < R_1) \\[3mm]
\dfrac{q}{4\pi\varepsilon_1 r^2} & (R_1 < r < R_2) \\[3mm]
\dfrac{q}{4\pi\varepsilon_2 r^2} & (R_2 < r < R_3) \\[3mm]
0 & (r > R_3)
\end{cases}
$$

$\boldsymbol{E}$ 与 $\boldsymbol{D}$ 同向，即沿导体球半径向外。

（3）$V_{球} - V_{表} = \displaystyle\int_{R_1}^{R_3} \boldsymbol{E} \cdot \mathrm{d}\boldsymbol{r} = \int_{R_1}^{R_2} \boldsymbol{E} \cdot \mathrm{d}\boldsymbol{r} + \int_{R_2}^{R_3} \boldsymbol{E} \cdot \mathrm{d}\boldsymbol{r}$

$$
= \int_{R_1}^{R_2} \frac{q}{4\pi\varepsilon_1 r^2}\mathrm{d}r + \int_{R_2}^{R_3} \frac{q}{4\pi\varepsilon_2 r^2}\mathrm{d}r
$$

$$
= \frac{q}{4\pi\varepsilon_1}\left(\frac{1}{R_1} - \frac{1}{R_2}\right) + \frac{q}{4\pi\varepsilon_2}\left(\frac{1}{R_2} - \frac{1}{R_3}\right)
$$

$$
= \frac{q\left[(R_2 - R_1)\varepsilon_2 R_3 + (R_3 - R_2)\varepsilon_1 R_1\right]}{4\pi\varepsilon_1\varepsilon_2 R_1 R_2 R_3}
$$

因此，导体球与导体球壳的电势差为 $\dfrac{q\left[(R_2 - R_1)\varepsilon_2 R_3 + (R_3 - R_2)\varepsilon_1 R_1\right]}{4\pi\varepsilon_1\varepsilon_2 R_1 R_2 R_3}$。

授课章节	第六章　静电场中的导体与电介质 6-4 电容　电容器
目的要求	掌握电容的计算方法
重点难点	有电介质时的电容器的电容计算；电容器的并联与串联

主要内容

一、电容的定义

电容是描述电容器储存电荷能力的物理量。

电容器的电容 $C = \dfrac{Q}{U_{AB}}$。式中，Q 是电容器一个极板电荷量的大小；U_{AB} 是两极板的电势差。

孤立导体的电容 $C = \dfrac{Q}{V}$。式中，Q 是孤立导体的电荷量；V 是孤立导体的电势。

二、计算电容的一般方法

首先设电容器极板电荷量为 Q 或电荷密度为 σ，然后计算电容器中的场强 E，再计算电容器两板之间电势差 U_{AB}，最后根据电容的定义求出电容 C。

三、几种典型电容器的电容

几种典型电容器的电容如下。

（1）孤立导体球：$C = 4\pi\varepsilon_r\varepsilon_0 R$。

（2）平行板电容器：$C = S\varepsilon_r\varepsilon_0/d$。

（3）同心球形电容器：$C = 4\pi\varepsilon_r\varepsilon_0 R_1 R_2/(R_2 - R_1)$。

（4）同轴柱形电容器：$C = 2\pi\varepsilon_r\varepsilon_0 L/\ln\dfrac{R_2}{R_1}$。

四、电容器的串联和并联

（1）电容器串联，其总电荷量、总电压（电势差）和总电容如下。

①总电荷量：$Q = Q_1 = Q_2 = \cdots$。

②总电压：$U = U_1 + U_2 + \cdots$。

③总电容：$\dfrac{1}{C} = \dfrac{1}{C_1} + \dfrac{1}{C_2} + \cdots$。

效果：电容器串联能够提高电容器组的耐压程度，但不能增大电容。

（2）电容器并联，其总电荷量、总电压和总电容如下。

①总电荷量：$Q = Q_1 + Q_2 + \cdots$。

②总电压：$U = U_1 = U_2 = \cdots$。

③总电容：$C = C_1 + C_2 + \cdots$。

效果：电容器并联能够增大电容器的电容，但不能提高耐压程度。

五、有电介质时的电容器的电容

当各向同性均匀电介质充满电容器两极板间时，电容器的电容表达式为

$$C = \varepsilon_r C_0$$

式中，C_0 为真空电容器的电容。在电容器中加入电介质，既可以提高电容器的耐压程度，又可以增大电容。

例题精解

例题 6-2 圆柱形电容器长度为 l，中心是半径为 R_1 的金属导线，外面包着两层同轴圆筒状均匀电介质，其分界面半径为 R。两电介质的相对介电常量分别为 ε_{r1}、ε_{r2}，最外面为金属圆筒，其内半径为 R_2。设两电介质的击穿场强同为 E_1，试求圆柱形电容器的电容。

解 设单位长度圆柱形电容器的电荷量为 λ，其电场为轴对称，沿径向方向，则令位于电介质内部的同轴圆柱形闭合面为高斯面（见图 6-2），由高斯定理有

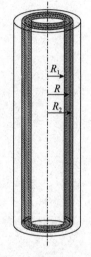

$$\oint_S \boldsymbol{D} \cdot \mathrm{d}\boldsymbol{S} = D \cdot 2\pi r h = \lambda h$$

求得

$$D = \frac{\lambda}{2\pi r}$$

由 $\boldsymbol{D} = \varepsilon_0 \varepsilon_r \boldsymbol{E}$，可得两电介质中的电场强度分别为

图 6-2 例题 6-2 图

$$E_1 = \frac{\lambda}{2\pi\varepsilon_0\varepsilon_{r1}r} \quad (R_1 < r < R)$$

$$E_2 = \frac{\lambda}{2\pi\varepsilon_0\varepsilon_{r2}r} \quad (R < r < R_2)$$

电容器两极板之间的电势差为

$$\Delta V = \int_{R_1}^{R} \frac{\lambda}{2\pi\varepsilon_0\varepsilon_{r1}r}\mathrm{d}r + \int_{R}^{R_2} \frac{\lambda}{2\pi\varepsilon_0\varepsilon_{r2}r}\mathrm{d}r$$

$$= \frac{\lambda}{2\pi\varepsilon_0}\left(\frac{1}{\varepsilon_{r1}}\ln\frac{R}{R_1} + \frac{1}{\varepsilon_{r2}}\ln\frac{R_2}{R}\right)$$

由电容定义可知，此电容器电容为

$$C = \frac{Q}{\Delta V} = \frac{\lambda l}{\dfrac{\lambda}{2\pi\varepsilon_0}\left(\dfrac{1}{\varepsilon_{r1}}\ln\dfrac{R}{R_1} + \dfrac{1}{\varepsilon_{r2}}\ln\dfrac{R_2}{R}\right)}$$

$$= \frac{2\pi\varepsilon_0\varepsilon_{r1}\varepsilon_{r2}l}{\varepsilon_{r2}\ln\frac{R}{R_1}+\varepsilon_{r1}\ln\frac{R_2}{R}}$$

因此，圆柱形电容器的电容为 $\dfrac{2\pi\varepsilon_0\varepsilon_{r1}\varepsilon_{r2}l}{\varepsilon_{r2}\ln\dfrac{R}{R_1}+\varepsilon_{r1}\ln\dfrac{R_2}{R}}$。

授课章节	第六章　静电场中的导体与电介质 6-5 静电场的能量　能量密度
目的要求	掌握计算静电场能量的方法
重点难点	静电场能量的计算

主要内容

一、电容器的储能

电容器储能的表达式为

$$W_{e} = \frac{1}{2}\frac{Q^2}{C} = \frac{1}{2}CU^2 = \frac{1}{2}QU$$

在电路中，给电容器充电后：若保持电容器与电源连接，则电容器两极板间电压保持不变；若断开电容器与电源的连接，则电容器两极板电容量保持不变。

二、电场的能量

均匀电场的能量 $W_{e} = \frac{1}{2}\varepsilon E^2 V = \frac{1}{2}\frac{D^2}{\varepsilon}V = \frac{1}{2}DEV$。

均匀电场的能量密度 $w_{e} = \frac{W_{e}}{V} = \frac{1}{2}\varepsilon E^2 = \frac{1}{2}\frac{D^2}{\varepsilon} = \frac{1}{2}DE$。

任一电场的能量 $W_{e} = \int_{V} w_{e}\mathrm{d}V = \int_{V}\frac{1}{2}\varepsilon E^2\mathrm{d}V = \int_{V}\frac{1}{2}\frac{D^2}{\varepsilon}\mathrm{d}V = \int_{V}\frac{1}{2}DE\mathrm{d}V$。

在计算电场能量时可以使用两种方法：一种方法是利用电场的能量密度，通过对体积元能量积分求出电场能量；另一种方法是利用在给带电体带电的过程中外力克服电场力做功，根据功能的转换守恒关系，计算得出电场能量。

例题精解

例题 6-3　一平行板电容器，极板面积为 S，极板间距为 d，如图 6-2 所示，试求：
（1）插入厚为 $\frac{d}{2}$、面积为 S、相对介电常数为 ε_{r} 的电介质板后，其电容改变了多少；（2）若两极板的电荷量分别为 $\pm Q$，将该电介质板从电容器全部抽出需要做多少功。

解　（1）无电介质板时，电容器的电容为

$$C_0 = \frac{\varepsilon_0 S}{d}$$

插入电介质板后，电容器的电容为

$$C = \frac{q}{U_{AB}} = \frac{\sigma S}{U_{AB}}$$

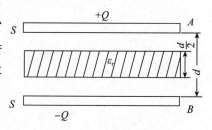

图 6-3　例题 6-3 图

又因为

$$U_{AB} = E_1 \frac{d}{2} + E_2 \frac{d}{2} = \left(\frac{\sigma}{\varepsilon_0} + \frac{\sigma}{\varepsilon_0 \varepsilon_r} \right) \frac{d}{2}$$

则

$$C = \frac{2\varepsilon_0 \varepsilon_r S}{(\varepsilon_r + 1) d} = \frac{2\varepsilon_r}{(\varepsilon_r + 1)} C_0$$

（2）当电容两极板电荷量分别为±Q 时，将电介质板全部从电容器中抽出，所做的功应等于电容器储能的增量，即外界做功为

$$W = \Delta W_e = W_{e0} - W_e = \frac{Q^2}{2C_0} - \frac{Q^2}{2C} = \frac{d(\varepsilon_r - 1)}{4\varepsilon_0 \varepsilon_r S} Q^2$$

所以外界做正功。

授课章节	第九章 振动 9-1 简谐振动 振幅 周期和频率 相位；9-2 旋转矢量
目的要求	掌握描述简谐振动的各物理量（特别是相位）及相互关系；掌握旋转矢量法；并能用其分析有关问题；能根据已知条件写出简谐振动的振动方程
重点难点	振动方程的建立；旋转矢量法及应用

主要内容

一、简谐振动的特征

简谐振动的基本特征：恢复力 F 的大小与位移成正比，方向相反，即

$$F = -kx$$

加速度的大小与位移成正比，方向相反，即

$$a = -\omega^2 x$$

特征方程为

$$\frac{\mathrm{d}^2 x}{\mathrm{d}t^2} + \omega^2 x = 0$$

运动学特征方程为

$$x = A\cos(\omega t + \varphi)$$

对于竖直弹簧振子，x 也是位移，即相对于平衡位置的伸长。

二、描述简谐振动的特征物理量

振幅（A）反映质点振动的强弱，由振动系统的能量决定，振幅是质点离开平衡位置的最大位移的绝对值。

周期（T）、频率（ν）、角频率（圆频率）（ω）均反映质点振动的快慢，由振动系统的性质决定。周期是质点完成一次全振动的时间；频率是单位时间内质点完成全振动的次数；角频率是质点相位变化的速率，其大小等于质点在单位时间内完成全振动次数的 2π 倍，即

$$\omega = \frac{2\pi}{T} = 2\pi\nu$$

由于简谐振动的频率跟振幅等其他特征物理量没有关系，而是由简谐振动系统本身的性质决定的，因此角频率又叫作固有频率，有

$$\omega = \sqrt{\frac{k}{m}}$$

式中，k 为简谐振动系统的回复力系数；m 为振子质量。

当简谐振动系统为弹簧振子时，上式中 k 为弹簧的弹性系数，m 为悬挂在弹簧上物体的总质量（弹簧质量忽略不计）。

相位（$\omega t + \varphi$）是描述做简谐振动的物体运动状态的物理量，反映简谐振动的周期性。初相位（φ）是振动初始时刻的相位，即 $t = 0$ 时的振动状态，其值在 $0 \sim 2\pi$ 内变化，在一个周期内无重复。相位差 $\Delta\varphi = \varphi_2 - \varphi_1$，它反映两个振动状态之间的关系。

三、简谐振动的描述方法

简谐振动的描述方法有数学法、图像法和旋转矢量法 3 种。

1. 数学法

简谐振动方程为

$$x = A\cos(\omega t + \varphi)$$

质点振动速率为

$$v = \frac{\mathrm{d}x}{\mathrm{d}t} = -\omega A\sin(\omega t + \varphi)$$

质点振动加速度大小为

$$a = \frac{\mathrm{d}^2 x}{\mathrm{d}t^2} = -\omega^2 A\cos(\omega t + \varphi)$$

式中，ωA 是质点最大振动速率；$\omega^2 A$ 质点是最大振动加速度大小。

由初始条件可以确定，振幅和初相位（以下简称初相）分别为

$$A = \sqrt{x_0^2 + \frac{v_0^2}{\omega^2}}\ ,\ \varphi = \arctan\left(-\frac{v_0}{\omega x_0}\right)$$

注意：相位通常由 $\sin\varphi = -\dfrac{v_0}{A\omega}$ 和 $\cos\varphi = \dfrac{x_0}{A}$ 共同决定。

2. 图像法

如图 9-1 所示，根据图像可以确定振动系统的振幅、周期、频率和相位。坐标原点的相位就是初相，确定初相后，可以根据下一时刻振动曲线的变化方向确定振动方向。

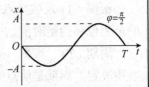

图 9-1　图像法

3. 旋转矢量法

旋转矢量法是研究简谐振动的几何方法。简谐振动可以与一个匀角速度的圆周运动相对应。如图 9-2 所示，以振动方向为坐标轴，振幅 A 为矢量，令其以角频率 ω 沿逆时针匀速旋转，点 P 在 x 轴上的投影点 N 的运动就是简谐振动。点 P 的轨迹是个圆，这个圆周运动的角速度为简谐振动的角频率，半径为简谐振动的振幅，圆心为平衡位置。$t = 0$ 时矢量 A 与 x 轴之间的夹角等于简谐振动的初相（φ），在 t 时刻矢量 A 与 x 轴之间的夹角等于简谐振动在 t 时刻的相位（$\omega t + \varphi$）。

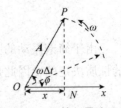

图 9 - 2　旋转矢量法（1）

旋转矢量在不同象限时，运动状态不同，如图 9-3 所示，要根据 x_0、v_0 的正负，来判断确定 φ。旋转矢量在第Ⅰ象限时，对应振动物体从正最大位移向平衡位置的运动，相位

在 $0 \sim \frac{\pi}{2}$ 之间变化；旋转矢量在第 II 象限时，对应振动物体从平衡位置向负最大位移的运动，相位在 $\frac{\pi}{2} \sim \pi$ 之间变化；旋转矢量在第 III 象限时，对应振动物体从负最大位移向平衡位置的运动，相位在 $\pi \sim \frac{3\pi}{2}$ 之间变化；旋转矢量在第 IV 象限时，对应振动物体从平衡位置向正最大位移的运动，相位在 $\frac{3\pi}{2} \sim 2\pi$ 之间变化。

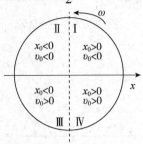

图 9-3 旋转矢量法（2）

用旋转矢量法确定相位的方法：如图 9-4 所示，首先过旋转矢量的端点作 x 轴的垂线，得到初相的两个可能取值，再根据质点下一时刻的振动方向确定 φ 所在象限，从而得到 φ 的取值。

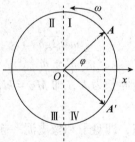

图 9-4 旋转矢量法（3）

如图 9-5 所示，若已知振动曲线，则可判断下一时刻质点的振动方向。

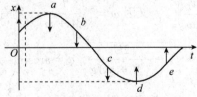

图 9-5 旋转矢量法（4）

例题精解

　　例题 9-1　弱性系数为 k 的轻弹簧上端固定，下端连一质量为 M 的盘子。现有一质量为 m 的橡皮泥从离盘 h 的高度处自由下落到盘子中心处，并和盘子粘在一起，于是盘子和橡皮泥一起做简谐振动。若取平衡位置为原点，位移向下为正，并以弹簧开始振动时为计时起点，试求简谐振动的表达式。

　　解　如图 9-6 所示，设平衡位置为坐标原点，向下为正方向，平衡位置在初始位置下方，位移为负。设盘子和橡皮泥一起做简谐振动的初速率为 v_0，橡皮泥从 h 高落下，以速率 v 与盘子发生非弹性碰撞，由动量守恒，有

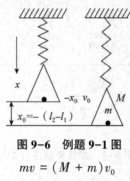

图 9-6　例题 9-1 图

$$mv = (M + m)v_0$$

又因为

$$\frac{1}{2}mv^2 = mgh$$

所以

$$v_0 = \frac{m\sqrt{2gh}}{M + m}$$

　　当橡皮泥未落入盘子前，弹簧伸长为 l_1，即 $Mg = kl_1$；当橡皮泥落入盘子后，弹簧伸长量为 l_2，即 $(M + m)g = kl_2$。

　　所以整个振动系统的初始状态，即盘子和橡皮泥一起开始运动时为

$$x_0 = -\frac{m}{k}g \ , \ v_0 = \frac{m\sqrt{2gh}}{M + m}$$

振动系统的振幅 $A = \sqrt{x_0^2 + \left(\dfrac{v_0}{\omega}\right)^2}$，又因 $\omega = \sqrt{\dfrac{k}{M + m}}$，则有

$$A = \frac{mg}{k}\sqrt{1 + \frac{2kh}{(M + m)g}} \ , \ \varphi = \arcsin\left(\frac{-x_0}{\omega A}\right)$$

因为 $x_0 < 0$，$v_0 > 0$，所以 φ 应在第 Ⅲ 象限，即 $\pi < \varphi < \dfrac{3}{2}\pi$。

授课章节	第九章 振动 9-4 简谐振动的能量；9-5 简谐振动的合成
目的要求	掌握描述简谐振动的能量的方法；掌握两个同方向、同频率的简谐振动的合成规律
重点难点	两个同方向、同频率的简谐振动的合成规律

主要内容

一、简谐振动的能量

做简谐振动的物体在任意时刻动能的表达式为

$$E_k = \frac{1}{2}mv^2 = \frac{1}{2}m\omega^2 A^2 \sin^2(\omega t + \varphi)$$

做简谐振动的物体在任意时刻势能的表达式为

$$E_p = \frac{1}{2}kx^2 = \frac{1}{2}kA^2 \cos^2(\omega t + \varphi)$$

做简谐振动的物体在任意时刻的总能量和振幅平方成正比，其表达式为

$$E = \frac{1}{2}mv^2 + \frac{1}{2}kx^2 = \frac{1}{2}kA^2$$

简谐振动系统的能量特点：振动物体在平衡位置时动能最大，在最大位移处势能最大；振动过程中动能和势能不断转换，但系统的总能量保持不变，即系统机械能守恒。

简谐振动系统的能量表达式反映了振幅是表征振动系统能量特征的物理量，这也是确定振幅的 种方法。

二、同方向同频率的简谐振动的合成

已知两个同方向、同频率的简谐振动为

$$\begin{cases} x_1 = A_1\cos(\omega t + \varphi_1) \\ x_2 = A_2\cos(\omega t + \varphi_2) \end{cases}$$

它们的合成仍是一个简谐振动，合振动方程可表示为

$$x = x_1 + x_2 = A\cos(\omega t + \varphi)$$

合振动的振幅和初相为

$$A = \sqrt{A_1^2 + A_2^2 + 2A_1A_2\cos(\varphi_2 - \varphi_1)}$$

$$\tan\varphi = \frac{A_1\sin\varphi_1 + A_2\sin\varphi_2}{A_1\cos\varphi_1 + A_2\cos\varphi_2}$$

合振动加强和减弱的条件如下。

当两个分振动的相位差满足 $\Delta\varphi = 2k\pi$ ($k = 0, \pm1, \pm2, \cdots$) 时，即两个分振动同相时，系统合振动加强，合振幅有极大值 $A_{max} = |A_1 + A_2|$，合振动的相位与两个分振动的相位均相同。

当两个分振动的相位差满足 $\Delta\varphi = (2k+1)\pi$（$k = 0, \pm1, \pm2, \cdots$）时，即两个分振动反相时，系统合振动减弱，合振幅有极小值 $A_{\min} = |A_1 - A_2|$，合振动的相位与两个分振动中振幅大的分振动的相位相同。

例题精解

例题 9-2　一质量为 0.1 kg 的物体，做振幅为 0.01 m 的简谐振动，最大加速度为 0.04 m·s^{-2}，试求：（1）振动周期；（2）总能量；（3）物体在何处时，其动能和势能相等。

解　（1）最大加速度大小为 $a_{\mathrm{m}} = A\omega^2$，则

$$\omega = \sqrt{\frac{a_{\mathrm{m}}}{A}} = \sqrt{\frac{0.04}{0.01}}\ \mathrm{s^{-1}} = 2\ \mathrm{s^{-1}}$$

因此，$T = \dfrac{2\pi}{\omega} = \dfrac{2\pi}{2} = \pi\ \mathrm{s}$。

（2）由简谐振动机械能守恒可知，任意时刻的总能量均为 $\dfrac{1}{2}kA^2$，而

$$k = m\omega^2 = 0.1 \times 4\ \mathrm{kg \cdot s^{-2}} = 0.4\ \mathrm{kg \cdot s^{-2}}$$

因此，有

$$E_{\text{总}} = \frac{1}{2} \times 0.4 \times (0.01)^2\ \mathrm{J} = 2 \times 10^{-5}\ \mathrm{J}$$

（3）动能为 $\dfrac{1}{2}mv^2$，势能为 $\dfrac{1}{2}kx^2$，当它们相等时，即

$$\frac{1}{2}kx^2 = \frac{1}{2}E_{\text{总}} = \frac{1}{2} \times \frac{1}{2}kA^2$$

$$x^2 = \frac{A^2}{2}$$

因此，有

$$x = \pm\frac{\sqrt{2}}{2}A = \pm\frac{\sqrt{2}}{2} \times 10^{-2}\ \mathrm{m}$$

例题 9-3　有两个同方向、同频率的简谐振动，其合振动的振幅为 0.20 m，合振动的相位与第一个分振动的相位差为 π/6，第一个分振动的振幅为 0.173 m，求第二个分振动的振幅及两个分振动的相位差。

解　如图 9-7 所示，取第一个分振动的旋转矢量 A_1 沿 x 轴，令其初相为零；按题意，合振动的旋转矢量 A 与 A_1 之间的夹角 $\varphi = \pi/6$，根据矢量合成可得第二个分振动的旋转矢量大小（即振幅）为

$$A_2 = \sqrt{A_1^2 + A_2^2 - 2A_1A_2\cos\varphi} = 0.01\ \mathrm{m}$$

由于 A_1、A_2、A 的大小恰好满足勾股定理，故 A_1 与 A_2 垂直，即第二个分振动与第一

个分振动的相位差为 $\theta = \dfrac{\pi}{2}$ 。

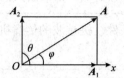

图 9-7　例题 9-3 图

授课章节	第十章　波动 10-1 机械波的几个概念；10-2 平面简谐波的波函数
目的要求	了解机械波产生的条件、机械波的传播机理；掌握平面简谐波的波函数及其物理意义
重点难点	由各种已知条件导出相应的波函数

主要内容

一、机械波的产生和描述其的特征物理量

1. 机械波的产生条件

机械波的产生条件：波源，弹性媒质（媒质）。

2. 机械波的分类

媒质中质点的振动方向与波的传播方向垂直的波叫横波，媒质中质点的振动方向与波的传播方向平行的波叫纵波。

3. 描述机械波的特征物理量

描述机械波的特征物理量主要有以下 3 个。

（1）周期（T）：反映波在传播时间上的周期性，等于波源的周期。

（2）波长（λ）：反映波在空间传播上的周期性，等于波传播时，在同一波线上相邻两个相位差为 2π 的质点之间的距离；也是一个周期内波在媒质中传播的距离。

（3）波速（u）：反映波传播的快慢和方向。

波速、波长与媒质有关，周期只与波源有关。波速、波长与周期之间的关系为

$$u = \frac{\lambda}{T} = \nu\lambda$$

二、波的形象描述

1. 几何描述

波面是振动状态相同的质点连成的面；波前是某时刻媒质中的波动所传到的各质点连成的面；波线是指向波的传播方向的线，在各向同性媒质中，波线总与波面垂直。

2. 波形图

波形图如图 10-1 所示，其表示同一时刻波线上各质点的位移分布，随着时间的推移，该波形图将沿着波的传播方向移动，因此这种波也叫行波。

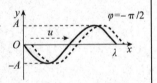

图 10-1　波形图

3. 平面简谐波的波函数（波动方程）

平面简谐波是简谐振动在媒质中的传播，波面是平面。

波函数实际上是波的传播方向上任意一点的振动方程，其表达式为

$$y = A\cos\left[\omega\left(t \mp \frac{x}{u}\right) + \varphi\right]$$

$$y = A\cos\left[\left(\omega t \mp 2\pi\frac{x}{\lambda}\right) + \varphi\right]$$

$$y = A\cos\left[2\pi\left(\nu t \mp \frac{x}{\lambda}\right) + \varphi\right]$$

上述各式中"－"号表示波的传播方向与 x 轴正方向一致，"+"号则相反。

波函数的物理意义如下。

（1）当 x 一定时，其表示的是坐标为 x 的那一点的振动方程。

（2）当 t 一定时，其表示的是该时刻 x 轴上各点的位移在空间的分布（对横波而言，即为该时刻 x 轴上各点的实际位移），即此刻的波形方程。

（3）当 x、t 均变化时，其表示波线上的各不同质点在不同时刻的位移，即不仅反映了波形，而且反映了波形的传播，表现为波形的"跑动"。

根据已知条件求波函数有以下两种方法。

（1）由已知条件写出坐标原点的振动方程，再写出波函数。

（2）由已知条件直接写出波线上任意一点的振动方程，即波函数。

不论是写坐标原点的振动方程，还是写波线上任意一点的振动方程，都既可以从时间上也可以从相位上找出已知点的振动与所要求出点的振动之间的关系。

例题精解

例题 10-1 已知一平面简谐波在介质中以波速 $u = 10\ \text{m}\cdot\text{s}^{-1}$ 沿 y 轴负方向传播，若波线上点 A 的振动方程为 $x_A = 2\cos(2\pi t + \varphi_0)$，已知波线上另一点 B 位于点 A 的下游，且与点 A 相距 5 cm，试分别以点 A 及点 B 为坐标原点列出波函数，并求出点 B 的振动速率最大值。

解 波沿 y 轴负方向传播以点 A 为坐标原点时，平衡位置坐标为 y，并位于点 A 的上游，故将点 A 的振动方程中的 t 换成 $\left(t + \frac{y}{u}\right)$ 就为所求波函数，即

$$x'_A = 2\cos\left[2\pi\left(t + \frac{y}{u}\right) + \varphi_0\right]$$

$$= 2\cos\left(2\pi t + 2\pi\frac{y}{10} + \varphi_0\right)$$

$$= 2\cos\left(2\pi t + \frac{\pi}{5}y + \varphi_0\right)$$

令上式中的 $y = -0.05\ \text{m}$，可得点 B 的振动方程，即

$$x_B = 2\cos\left(2\pi t - \frac{\pi}{100} + \varphi_0\right) \tag{1}$$

同理，若将式（1）中的 t 换成 $\left(t + \frac{y}{u}\right)$，就得到以点 B 为坐标原点的波函数，即

$$x'_B = 2\cos\left[2\pi\left(t + \frac{y}{u}\right) - \frac{\pi}{100} + \varphi_0\right] = 2\cos\left(2\pi t + \frac{\pi}{5}y - \frac{\pi}{100} + \varphi_0\right) \tag{2}$$

将式（1）对 t 求导，得点 B 的振动速率为

$$v_B = \frac{dx_B}{dt} = -4\pi\sin\left(2\pi t - \frac{\pi}{100} + \varphi_0\right)$$

故点 B 的振动速率的最大值为 4π m·s^{-1}，实际上这也是波线上任意一点振动速率的最大值。

授课章节	第十章　波动 10-3 波的能量　能流密度；10-4 惠更斯原理　波的衍射和干涉
目的要求	掌握波的平均能量密度、平均能流、平均能流密度等概念；了解惠更斯原理及其应用；理解波的叠加原理；掌握波的干涉条件及干涉加强和减弱的条件
重点难点	波的叠加原理；掌握波的干涉条件及干涉加强和减弱的条件

主要内容

一、波的能量

机械波是行波，其主要特点是运动状态由一个质点传给相邻的质点，这意味着能量的传播（递）。由于机械波的能量呈传递态，因此无法描述整个机械波的能量，只能研究某一质元的能量，其动能、势能和总机械能的表达式分别为

$$\Delta E_{\mathrm{k}} = \frac{1}{2}\rho\Delta V\omega^2 A^2 \sin^2\left[\omega\left(t - \frac{x}{u}\right) + \varphi\right]$$

$$\Delta E_{\mathrm{p}} = \frac{1}{2}\rho\Delta V\omega^2 A^2 \sin^2\left[\omega\left(t - \frac{x}{u}\right) + \varphi\right]$$

$$\Delta E = \rho\Delta V\omega^2 A^2 \sin^2\left[\omega\left(t - \frac{x}{u}\right) + \varphi\right]$$

式中，ρ 为媒质的密度；ΔV 为质元的体积。

波的能量特点如下。

（1）某处质点的动能和势能在任意时刻相位相同、大小相等，即当 x 和 t 一定时，动能和势能同时变化，同时达到最大值，同时达到最小值，因此机械能不守恒。

（2）质点在平衡位置时，其动能和势能均最大；在最大位移处，其动能和势能均最小（大小为 0）。

（3）质点的总能量随时间做周期性变化，这正说明波动过程就是能量的传递过程。在质点从最大位移处回到平衡位置的过程中，其动能和势能同时增大，质点从前一个质点处获得能量；在质点离开平衡位置向最大位移处运动的过程中，其动能和势能同时减少，质点将能量向下一个质点传递。

平均能量密度是指单位体积的能量在一个周期内的平均值，其表达式为

$$\overline{w}_{能} = \frac{1}{2}\rho\omega^2 A^2$$

平均能流是指单位时间通过某一截面的能量在一个周期内的平均值，又称为波的功率，其表达式为

$$\overline{P} = \overline{w}_{能}\, uS$$

平均能流密度是指通过垂直波的传播方向上单位面积的平均能流，又称为波的强度，其表达式为

$$I = \frac{P}{S} = \overline{\omega}_{能} u = \frac{1}{2}\rho\omega^2 A^2 u$$

二、惠更斯原理

媒质中波传播到的各点都可以看作是发射子波的波源，在以后的任意时刻，这些子波的包络就是该时刻的波面。

应用：由某一时刻的波面确定下一时刻的波面。

三、波的干涉

波的叠加原理：几列波在媒质中相遇时，各自保持独立的传播特性，在相遇区域内某质点的振动是各列波分别引起的振动的矢量和，如图 10-2 所示。

干涉条件：频率相同，振动方向相同，相位差恒定。

对于同一波源产生的两列波，干涉条件取决于相位差。

两列相干波的叠加：相遇处合振动的振幅和合振动的初相表达式分别为

图 10-2　波的叠加原理

$$A = \sqrt{A_1^2 + A_2^2 + 2A_1 A_2 \cos \Delta\varphi}$$

$$\Delta\varphi = \varphi_2 - \varphi_1 - 2\pi\frac{r_2 - r_1}{\lambda}$$

干涉加强和减弱的相位差条件如下。

（1）当 $\Delta\varphi = 2k\pi (k = 0, \pm1, \pm2, \cdots)$ 时，$A = A_1 + A_2$，合振幅最大，干涉加强。

（2）当 $\Delta\varphi = (2k+1)\pi (k = 0, \pm1, \pm2, \cdots)$ 时，$A = |A_1 - A_2|$，合振幅最小，干涉减弱。

干涉加强和减弱的波程差条件如下。

当 $\varphi_2 = \varphi_1$ 时，$\Delta\varphi = 2\pi\frac{r_1 - r_2}{\lambda} = 2\pi\frac{\delta}{\lambda}$，$\delta$ 为波程差（真空中的光程差），则

（1）当 $\delta = 2k\frac{\lambda}{2} (k = 0, \pm1, \pm2, \cdots)$ 时，干涉加强。

（2）当 $\delta = (2k+1)\frac{\lambda}{2} (k = 0, \pm1, \pm2, \cdots)$ 时，干涉减弱。

例题精解

  例题 10-2　两列相干平面简谐波沿 x 轴传播，波源 S_1 与 S_2 相距 $d = 30$ m，S_1 为坐标原点。已知 $x_1 = 9$ m 和 $x_2 = 12$ m 处的两质点是相邻的两个因干涉而静止的质点，求两波的波长和两波源的最小相位差。

  解　设 S_1、S_2 的初相为 φ_1、φ_2。因为题设 S_1 为坐标原点，所以 S_1、S_2 两波源发出的

波分别传播到 $x_1 = 9$ m 处时，在此处引起振动的相位分别为 $\varphi_1' = \left(\varphi_1 - \dfrac{2\pi x_1}{\lambda} \right)$ 和 $\varphi_2' = \left[\varphi_2 - \dfrac{2\pi(d - x_1)}{\lambda} \right]$，此质点因干涉而静止，因此 S_1、S_2 在 $x_1 = 9$ m 处引起质点振动的相位差应等于 $(2k + 1)\pi$，即

$$\varphi_2' - \varphi_1' = \left[\varphi_2 - \frac{2\pi(d - x_1)}{\lambda} \right] - \left(\varphi_1 - \frac{2\pi x_1}{\lambda} \right) = (2k + 1)\pi$$

$$= \varphi_2 - \varphi_1 - \frac{2\pi(d - 2x_1)}{\lambda} = (2k + 1)\pi \tag{1}$$

同理，S_1、S_2 在 $x_2 = 12$ m 处引起质点振动的相位差应等于 $(2k_1 + 1)\pi$，又因为两质点是相邻两个因干涉而静止的质点，所以 $k_1 = k + 1$，则

$$\varphi_2'' - \varphi_1'' = \varphi_2 - \varphi_1 - \frac{2\pi(d - 2x_2)}{\lambda} = (2k + 3)\pi \tag{2}$$

由式（1）和式（2）得 $\dfrac{4\pi(x_2 - x_1)}{\lambda} = 2\pi$，所以

$$\lambda = 2(x_2 - x_1) = 2 \times (12 - 9)\,\text{m} = 6\,\text{m}$$

将 $\lambda = 6$ m 代入式（1），得

$$\varphi_2 - \varphi_1 = (2k + 1)\pi + \frac{2\pi(d - 2x_1)}{\lambda}$$

$$= (2k + 1)\pi + \frac{2\pi(30 - 2 \times 9)}{6} = (2k + 5)\pi$$

当 $k = -2$ 时，得到最小相位差，即 $\varphi_2 - \varphi_1 = \pi$。

例题 10-3　S_1 和 S_2 是波长均为 λ 的两相干波的波源，相距 $3\lambda/4$，S_1 的相位比 S_2 超前 $\pi/2$。当两波单独传播时，在 S_1 和 S_2 的直线上各质点的强度相同，都是 I_0，试求在 S_1 和 S_2 连线上 S_1、S_2 外侧各质点合成波的强度分别是多少。

解　如图 10-3 所示，S_1 和 S_2 两个相干波源所发出的波，在空间相遇处波的强度与合振幅的平方成正比，即 $I \propto A^2$。而

$$A^2 = A_0^2 + A_0^2 + 2A_0A_0\cos\Delta\varphi$$

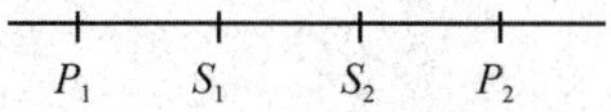

图 10-3　例题 10-3 图

$$\Delta\varphi = \varphi_2 - \varphi_1 - 2\pi\frac{r_2 - r_1}{\lambda}$$

对于点 P_1，有

$$\varphi_2 - \varphi_1 = -\frac{\pi}{2}$$

$$2\pi\frac{r_2 - r_1}{\lambda} = \frac{2\pi}{\lambda}\cdot\frac{3}{4}\lambda = \frac{3}{2}\pi$$

$$A^2 = 2A_0^2\left[1 + \cos\left(-\frac{\pi}{2} - \frac{3}{2}\pi\right)\right] = 4A_0^2$$

所以

$$I_1 = 4I_0$$

同理，有

$$I_2 = 0$$

因此，在 S_1 和 S_2 连线上 S_1、S_2 外侧各质点合成波的强度分别是 $4I_0$、0。

授课章节	第十章　波动 10-5 驻波
目的要求	理解驻波及其形成条件；了解驻波和行波的区别
重点难点	驻波及其形成条件

主要内容

1. 形成驻波的条件

两列振幅相等的相干波，在同一条直线上相向传播时形成驻波。驻波实际上是一种特殊的振动。

2. 驻波的特点

驻波有以下特点。

频率特点：各质点的振动频率都相同。

振幅特点：各质点的振幅与其所在位置有关，有周期性变化的规律；波线上有些点的振幅具有最大值，称为波腹，有些点始终静止不动，称为波节；波节将整个驻波分成若干段，形成稳定的分段振动。

相位特点：任意两相邻波节间各质点振动的相位相同，波节两侧各质点振动的相位差为 π。

能量特点：各质点的动能和势能都随时间变化，波腹和波节间还进行着动能和势能的转换，但没有振动状态的传递，因而没有能量的传递。

3. 驻波方程

驻波方程为

$$y = 2A\cos\left(2\pi\frac{x}{\lambda}\right)\cos(2\pi\nu t)$$

波节位置为

$$\cos\left(2\pi\frac{x}{\lambda}\right) = 0 \ , \ x = \pm(2k+1)\frac{\lambda}{4} \quad (k = 0, 1, 2, \cdots)$$

波腹位置为

$$\left|\cos\left(2\pi\frac{x}{\lambda}\right)\right| = 1 \ , \ x = \pm k\frac{\lambda}{2} \quad (k = 0, 1, 2, \cdots)$$

4. 半波损失

半波损失：波从波疏媒质向波密媒质传播，在界面上反射时，反射波的相位出现 π 的突变，相当于损失了半个波长的波程差。

例题精解

例题 **10-4**　一平面简谐波沿 x 轴正方向传播，如图 10-4 所示，振幅为 A，频率为 ν，波速为 u。

（1）$t=0$ 时，在原点 O 处的质元由平衡位置向 x 轴正方向运动，试写出此波的波函数；

（2）若经分界面反射的波的振幅和入射波的振幅相等，试写出反射波的波函数。

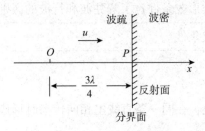

图 10-4 例题 10-4 图

解　（1）原点 O 处质元参与的入射波的振动方程为

$$y_0 = A\cos\left(2\pi\nu t - \frac{\pi}{2}\right)$$

入射波的波函数为

$$y_1 = A\cos\left(2\pi\nu t - \frac{2\pi\nu}{u}x - \frac{\pi}{2}\right)$$

（2）$t=0$ 时，原点 O 处质元的振动状态（相位）传播到点 P，发生相位突变，再传播回点 O 时，两个时刻的相位差为

$$\Delta\varphi = \frac{2\pi}{\lambda}\times 2\times\frac{3\lambda}{4}+\pi = 4\pi$$

则点 O 参与的反射波的振动方程为

$$y_0' = A\cos\left(2\pi\nu t - \frac{\pi}{2}-\Delta\varphi\right) = A\cos\left(2\pi\nu t - 9\,\frac{\pi}{2}\right)$$

由此得到反射波的波函数为

$$y' = A\cos\left[2\pi\nu\left(t+\frac{x}{u}\right)-9\,\frac{\pi}{2}\right]$$

	第十二章　气体动理论
授课章节	12-1 平衡态　理想气体物态方程　热力学第零定律；12-2 物质的微观模型　统计规律性；12-3 理想气体的压强公式；12-4 理想气体分子的平均平动动能与温度的关系；12-5 能量均分定理　理想气体的内能
目的要求	理解理想气体的压强公式和温度公式；理解理想气体分子的能量均分定理，能够应用该定理计算理想气体的内能
重点难点	理想气体分子的压强公式的推导和应用；温度的实质、内能

主要内容

一、平衡态（热平衡状态）

在平衡态下，系统内部各部分宏观性质相同，不随时间变化。气体各部分密度均匀、压强均匀、温度均匀都可以作为判断平衡态的条件。气体从一个平衡态变化到另一个平衡态的过程中，所经历的每一个中间状态都可以近似看作平衡态，这样的状态变化过程称为平衡过程，也叫作准静态过程。

二、理想气体模型及理想气体物态方程

1. 宏观模型

理想气体的宏观模型是严格遵守实验三定律的气体。一般地讲，当气体密度不太高、压强不太大、温度不太低时，就可以将其看作理想气体，本书中讨论的均为理想气体。

2. 微观模型

在理想气体的微观模型中，气体分子可以看作质点，分子间的碰撞是弹性碰撞，除了碰撞以外，分子间没有相互作用。

3. 理想气体物态方程

在平衡态下，理想气体物态方程为

$$pV = \frac{m'}{M}RT \quad \text{或} \quad p = nkT$$

式中，m' 为气体的质量；M 为气体分子的摩尔质量；R 为普适气体常量，$R = 8.31 \text{ J/(mol·K)}$；$k$ 为玻耳兹曼常量，$k = 1.38 \times 10^{-23} \text{ J/K}$；$n$ 为气体分子数密度，$n = \frac{N}{V}$；N 为气体分子数。

三、理想气体的压强公式和温度公式

理想气体的压强公式为

$$p = \frac{2}{3}n\bar{\varepsilon}_k$$

式中，$\bar{\varepsilon}_k$ 是理想气体分子的平均平动动能。

理想气体的温度公式为

$$\overline{\varepsilon}_k = \frac{1}{2}m\overline{v^2} = \frac{3}{2}kT$$

上式反映了压强和温度的微观意义，压强反映了大量气体分子对器壁碰撞的宏观结果，是微观量的宏观统计平均值。

四、能量均分定理与内能

1. 气体分子的自由度

单原子气体分子只有 3 个平动自由度，$i=3$。

双原子气体分子有 3 个平动自由度和 2 个转动自由度，$i=5$。

多原子气体分子有 3 个平动自由度和 3 个转动自由度，$i=6$。

2. 理想气体分子的能量均分定理

在平衡态时，每个理想气体分子在每个自由度的平均动能均为 $\frac{1}{2}kT$。

1 个理想气体分子的平均动能 $\overline{\varepsilon} = \frac{i}{2}kT$。

1 mol 理想气体分子的平均动能 $\overline{\varepsilon} = \frac{i}{2}RT$。

3. 理想气体的内能

理想气体的分子势能可以视为零，所以理想气体的内能就等于理想气体的分子动能，记为

$$E = \frac{m'}{M} \cdot \frac{i}{2}RT$$

一定质量的理想气体的内能变化为

$$\Delta E = \frac{m'}{M} \cdot \frac{i}{2}R\Delta T$$

例题精解

例题 12-1 温度为 0 ℃时，1 mol 氦气、氢气、二氧化碳的内能各为多少？

解 氦气为单原子气体，$i=3$，故其内能为

$$E = \frac{3}{2}RT = \frac{3}{2} \times 8.31 \times 273 \text{ J} = 3.40 \times 10^3 \text{ J}$$

氢气为双原子气体，因此氢气分子视为刚性分子，$i=5$，故其内能为

$$E = \frac{5}{2}RT = \frac{5}{2} \times 8.31 \times 273 \text{ J} = 5.67 \times 10^3 \text{ J}$$

二氧化碳为多原子气体，$i=6$，故其内能为

$$E = \frac{6}{2}RT = \frac{6}{2} \times 8.31 \times 273 \text{ J} = 6.81 \times 10^3 \text{ J}$$

授课章节	第十二章 气体动理论 12-6 麦克斯韦气体分子速率分布律;12-8 分子的平均碰撞频率和平均自由程
目的要求	了解麦克斯韦气体分子速率分布律、速率分布函数和速率分布曲线的物理意义;了解气体分子热运动的算术平均速率、方均根速率
重点难点	对麦克斯韦气体分子速率分布律的理解

主要内容

一、麦克斯韦气体分子速率分布律

1. 速率分布曲线

速率分布曲线即速率分布函数的曲线,v 为横轴,$f(v)$ 为纵轴。速率分布曲线对应的峰值称为最可几速率,反映气体分子速率取值在最可几速率附近单位速率区间的气体分子数占总气体分子数的百分比最大。

对于同种气体分子,在不同温度下实验,速率分布曲线的峰值变化表现为:若温度升高,则峰值下降,最可几速率向着气体分子速率增大的方向移动;若温度降低,情况则相反。

对于不同种气体分子,在相同温度下实验,速率分布曲线表现为:气体分子质量越大,速率分布曲线峰值越高,最可几速率越小。

2. 3 种气体分子速率

最可几(概然)速率:对应速率分布函数极大值的气体分子速率,其表达式为

$$v_{\mathrm{p}} = \sqrt{\frac{2kT}{m}} = \sqrt{\frac{2RT}{M}}$$

算术平均速率:大量气体分子速率的算术平均值,其表达式为

$$\bar{v} = \sqrt{\frac{8kT}{\pi m}} = \sqrt{\frac{8RT}{\pi M}}$$

方均根速率:大量气体分子速率平方平均值的平方根,其表达式为

$$\sqrt{\overline{v^2}} = \sqrt{\frac{3kT}{m}} = \sqrt{\frac{3RT}{M}}$$

式中,m、M 分别为单个气体分子的质量和该气体分子的摩尔质量。

二、平均碰撞频率和平均自由程

平均碰撞频率:单位时间每个气体分子与其他气体分子的平均碰撞次数,其表达式为

$$\bar{Z} = \sqrt{2}\pi d^2 \bar{v} n$$

平均自由程：气体分子在连续两次碰撞之间所经过的直线路程的平均值，其表达式为

$$\bar{\lambda} = \frac{\bar{v}}{\bar{Z}} = \frac{1}{\sqrt{2}\pi d^2 n}$$

式中，d 是气体分子的有效直径。

根据理想气体物态方程 $p = nkT$，平均自由程还可以表示为

$$\bar{\lambda} = \frac{kT}{\sqrt{2}\pi d^2 p}$$

例题精解

例题 12-2 速率分布函数为 $f(v)$，说明下列各表达式的物理意义：（1）$f(v)\mathrm{d}v$；（2）$nf(v)\mathrm{d}v$，式中，n 是气体分子数密度；（3）$\int_0^{v_p} f(v)\mathrm{d}v$，式中，$v_p$ 是最可几速率；（4）$\int_{v_p}^{\infty} Nf(v)\mathrm{d}v$。

解（1）$f(v)\mathrm{d}v$ 表示速率在 $v \sim (v + \mathrm{d}v)$ 之间的气体分子数占总气体分子数的百分比；

（2）$nf(v)\mathrm{d}v$ 表示单位体积内，速率在 $v \sim (v + \mathrm{d}v)$ 之间的气体分子数；

（3）$\int_0^{v_p} f(v)\mathrm{d}v$ 表示速率在 $0 \sim v_p$ 之间的气体分子数占总气体分子数的百分比；

（4）$\int_{v_p}^{\infty} Nf(v)\mathrm{d}v$ 表示气体分子速率大于最可几速率的气体分子的数目。

授课章节	第十三章 热力学基础 13-1 准静态过程 功 热量；13-2 热力学第一定律 内能
目的要求	掌握功和热量的概念；理解准静态过程；掌握热力学第一定律
重点难点	热力学第一定律；内能

主要内容

一、热力学基本规律

1. 热力学第零定律

如果系统 A、B 分别和系统 C 的同一状态处于热平衡，那么系统 A 与系统 B 接触时，它们也必定处于热平衡。

2. 热力学第一定律

热力学第一定律就是不同形式的能量在传递与转换过程中守恒的定律，其表达式为

$$Q = W + \Delta E \quad 或 \quad dQ = dW + dE \, (微分形式)$$

上式表明，系统从外界吸收的热量，一部分用来使系统的内能增加，另一部分用来对外界做功。

规定：Q 的正负，分别表示系统从外界吸收热量和向外界放出热量；系统对外做功，W 为正，外界对系统做功，W 为负；$\Delta E > 0$，表示内能增加，$\Delta E < 0$，表示内能减少。

二、准静态过程的功和内能

1. 准静态过程

当系统的状态发生变化时，如果变化的时间缓慢，那么在过程中间的任意时刻，系统均可以看作是平衡态，这样的过程称为准静态过程。

系统变化时间的快慢是相对的。例如，气缸中处于平衡态的气体压缩后再回到平衡态的时间是 10^{-3} s，如果在某一实际过程中压缩时间是 1 s，那么这一过程也可以认为是准静态过程。

2. 准静态过程的功

准静态过程的功的表达式为

$$dW = pdV$$

$$W = \int_{V_1}^{V_2} pdV$$

说明：借助 p-V 曲线包围的面积可以求出准静态过程的功。

3. 内能改变

内能改变的表达式为

$$\Delta E = \frac{m'}{M} \cdot \frac{i}{2} R\Delta T$$

理想气体的内能只与温度有关，温度升高，内能增加；温度降低，内能减少；温度不变，内能不变。系统温度每升高 1 ℃ 或 1 K，内能改变相同。

例题精解

例题 13-1 如图 13-1 所示，某种单原子理想气体压强随体积按线性变化，若已知在 A、B 两状态的压强和体积，试问：

（1）从状态 A 到状态 B 的过程中，气体做功多少？

（2）内能增加多少？

（3）传递的热量是多少？

解 （1）气体做功的大小为斜线 AB 下的面积，即

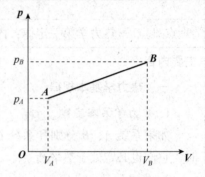

图 13-1 例 13-1 图

$$W = (V_B - V_A)P_A - \frac{1}{2}(V_B - V_A)(P_B - P_A) = \frac{1}{2}(V_B - V_A)(P_B - P_A)$$

（2）气体内能的增量为

$$\Delta E = \frac{m'}{M}C_V(T_B - T_A) \qquad ①$$

根据理想气体物态方程，得

$$pV = \frac{m'}{M}RT$$

$$T_A = \frac{P_A V_A M_A}{m'R} \qquad ②$$

$$T_B = \frac{P_B V_B M_B}{m'R} \qquad ③$$

将②、③代入①式

$$\Delta E = \frac{3}{2}(P_B V_B - P_A V_A)$$

（3）气体传递的热量为

$$Q = \Delta E + W = \frac{1}{2}(V_B - V_A)(P_B - P_A) + \frac{3}{2}(P_B - V_B - P_B - V_A)$$

授课章节	第十三章　热力学基础 13-3 理想气体的等体过程和等压过程　摩尔热容；13-4 理想气体的等温过程和绝热过程　多方过程
目的要求	掌握热力学第一定律；能分析、计算理想气体等体过程、等压过程、等温过程和绝热过程中的功、热量、内能改变量
重点难点	等值过程的计算；绝热过程的分析

主要内容

一、等值过程和绝热过程

等值过程包括等体（又称等容）过程、等压过程和等温过程，对等值过程和绝热过程的分析如下。

1. 等体过程

对等体过程的分析可以从以下几个方面进行。

（1）特点：$\mathrm{d}V = 0$，$V = C$。

（2）状态方程：$\dfrac{p}{T}$ = 恒量。

（3）$p\text{-}V$ 曲线：一条平行纵轴的直线。

（4）功：$W = 0$。

（5）内能：$\Delta E = \dfrac{m'}{M} C_{V,\,m}(T_2 - T_1)$。

（6）热量：$Q = \Delta E = \dfrac{m'}{M} C_{V,\,m}(T_2 - T_1)$。

（7）可实现过程：

①等体升压（升温），内能增加，系统吸热；

②等体降压（降温），内能减少，系统放热。

等体过程的内能和热量表达式中 $C_{V,\,m} = \dfrac{i}{2} R$，称为摩尔定容热容。

2. 等压过程

对等压过程的分析可以从以下几个方面进行。

（1）特点：$\mathrm{d}p = 0$，$p = C$。

（2）状态方程：$\dfrac{V}{T}$ = 恒量。

（3）$p\text{-}V$ 曲线：一条平行横轴的直线。

（4）功：$W = p(V_2 - V_1)$。

（5）内能：$\Delta E = \dfrac{m'}{M} C_{V,\,m}(T_2 - T_1)$。

（6）热量：$Q = \Delta E + W = \dfrac{m'}{M}C_{p,\,\mathrm{m}}(T_2 - T_1)$，其中 $C_{p,\,\mathrm{m}} = \dfrac{i+2}{2}R$，称为摩尔定压热容。

（7）可实现过程：

①等压膨胀（升温），系统对外界做功，且内能增加，系统吸热；

②等压压缩（降温），外界对系统做功，且内能减少，系统放热。

等压过程的内能和热量表达式中 $C_{p,\,\mathrm{m}}$ 和 $C_{V,\,\mathrm{m}}$ 的关系为 $C_{p,\,\mathrm{m}} = C_{V,\,\mathrm{m}} + R$。

3. 等温过程

对等温过程的分析可以从以下几个方面进行。

（1）特点：$\mathrm{d}T = 0$，$T = C$。

（2）状态方程：$pV = $ 恒量。

（3）p-V 曲线：双曲线的一部分。

（4）功：$W = \dfrac{m'}{M}RT\ln\dfrac{V_2}{V_1} = \dfrac{m'}{M}RT\ln\dfrac{p_1}{p_2}$。

（5）内能：$\Delta E = 0$。

（6）热量：$Q = W = \dfrac{m'}{M}RT\ln\dfrac{V_2}{V_1} = \dfrac{m'}{M}RT\ln\dfrac{p_1}{p_2}$。

（7）可实现过程：

①等温膨胀，系统对外界做功，系统吸热；

②等温压缩，外界对系统做功，系统放热。

4. 绝热过程

对绝热过程的分析可以从以下几个方面进行。

（1）特点：$\mathrm{d}Q = 0$，$Q = 0$。

（2）状态方程：$pV^{\gamma} = $ 恒量，$V^{\gamma-1}T = $ 恒量，$p^{\gamma-1}T^{-\gamma} = $ 恒量。

（3）p-V 曲线：比双曲线陡的一条曲线，随着体积增大，温度降低。

（4）热量：$Q = 0$。

（5）内能：$\Delta E = \dfrac{m'}{M}C_{V,\,\mathrm{m}}(T_2 - T_1)$。

（6）功：$W = -\Delta E = \dfrac{m'}{M}C_{V,\,\mathrm{m}}(T_1 - T_2)$ 或 $W = \displaystyle\int_{V_1}^{V_2} p\,\mathrm{d}V = \dfrac{p_1V_1 - p_2V_2}{\gamma - 1}$，其中 $\gamma = \dfrac{i+2}{i}R$，称为热容比。

（7）可实现过程：

①绝热膨胀，系统对外界做功，内能减少（温度降低）；

②绝热压缩，外界对系统做功，内能增加（温度升高）。

例题精解

例题 13-2　某理想气体组成的系统分别经历了图 13-2 所示
的 3 个过程，其中过程 2 为绝热过程，试问：过程 1 和 3 哪个是
吸热过程？哪个是放热过程？

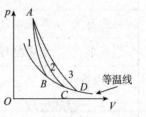

解　对于过程 2，因为是绝热过程，所以 $0 = \mathrm{d}E + (p\mathrm{d}V)_2$，
得

$$\mathrm{d}E = -(p\mathrm{d}V)_2$$

图 13-2　例题 13-1 图

对于过程 1，有

$$\mathrm{d}Q_1 = \mathrm{d}E + (p\mathrm{d}V)_1, \quad \mathrm{d}Q_1 = (p\mathrm{d}V)_1 - (p\mathrm{d}V)_2$$

在 p-V 曲线上，已知曲线下的面积对应该过程系统对外界做的功，因此

$$\mathrm{d}Q_1 = (p\mathrm{d}V)_1 - (p\mathrm{d}V)_2 < 0$$

同理，有

$$\mathrm{d}Q_3 = (p\mathrm{d}V)_3 - (p\mathrm{d}V)_2 > 0$$

也就是说，过程 1 是放热过程，过程 3 是吸热过程。

授课章节	第十三章　热力学基础 13-5 循环过程　卡诺循环
目的要求	掌握循环效率的计算方法
重点难点	卡诺循环

主要内容

一、循环过程

循环过程是指系统从某一状态出发，经过一系列过程的变化，又回到原来状态。循环过程在状态图上表现为一条闭合曲线。

1. 正循环过程

正循环过程反映了热机工作原理，即系统吸热，且用于系统对外界做功。

（1）特点：$\Delta E = 0$，$W > 0$，$Q_净 = Q_1 - Q_2 = W_净$。

（2）循环效率为

$$\eta = \frac{W_净}{Q_吸} = 1 - \frac{Q_2}{Q_1}$$

式中，Q_1 是系统与高温热源交换的热量；Q_2 是系统与低温热源交换的热量。Q_1 和 Q_2 在计算时取绝对值。

2. 逆循环过程

逆循环过程反映了制冷机的工作原理，即外界对系统做功，系统向外界放热。

（1）特点：$\Delta E = 0$，$W < 0$，$Q_净 = Q_1 - Q_2 = W_净$。

（2）制冷系数为

$$e = \frac{Q_2}{W_净} = \frac{Q_2}{Q_1 - Q_2}$$

式中，Q_1 是系统与高温热源交换的热量；Q_2 是系统与低温热源交换的热量。Q_1 和 Q_2 在计算时取绝对值。

二、卡诺循环

卡诺循环是指由两个等温过程和两个绝热过程构成的循环过程。卡诺热机是工作在两个恒温热源之间的理想热机，只与两个热源有热交换。在 p-V 曲线上，卡诺循环由两条等温线和两条绝热线组成。

卡诺热机的循环效率为

$$\eta_卡 = 1 - \frac{T_2}{T_1}$$

卡诺制冷机的制冷系数为

$$e_{\text{卡}} = \frac{T_2}{T_1 - T_2}$$

式中，T_1 为高温热源温度；T_2 为低温热源温度。卡诺热机循环效率只与两个热源的温度有关。

例题精解

例题 13-3 一定量的双原子气体分子原来体积为 20 L，压强为 2 atm（1 atm = 1.013 × 10^5 Pa），进行如图 13-3 所示的循环过程。先从初始状态等体加热至 4 atm（过程 $a \rightarrow b$），然后经等温膨胀至体积 40 L（过程 $b \rightarrow c$），最后经等压压缩回到初始状态（过程 $c \rightarrow a$）。求：（1）循环过程中气体对外界做的净功；（2）循环效率。

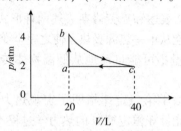

图 13-3 例题 13-3 图

解 （1）过程 $a \rightarrow b$ 为等体吸热过程，系统吸收的热量为

$$Q_1 = \frac{m'}{M}C_{V,\,\mathrm{m}}(T_b - T_a) = \frac{m'}{M}\frac{i}{2}R(T_b - T_a) = \frac{i}{2}(p_b V_b - p_a V_a)$$

$$= \frac{5}{2} \times 20 \times 10^{-3} \times (4-2) \times 1.013 \times 10^5 \text{ J} = 1.013 \times 10^4 \text{ J}$$

过程 $b \rightarrow c$ 为等温膨胀、吸热过程，系统吸收的热量为

$$Q_2 = \frac{m'}{M}RT_b\ln\frac{V_c}{V_b} = p_b V_b \ln\frac{V_c}{V_b}$$

$$= 4 \times 1.013 \times 10^5 \times 20 \times 10^{-3} \times \ln 2 \text{ J} = 5.62 \times 10^3 \text{ J}$$

过程 $c \rightarrow a$ 为等压压缩、放热过程，系统放出的热量为

$$Q_3 = \frac{m'}{M}C_{p,\,\mathrm{m}}(T_c - T_a) = \frac{m'}{M}\frac{i+2}{2}R(T_c - T_a) = \frac{i+2}{2}(p_c V_c - p_a V_a)$$

$$= \frac{7}{2} \times 2 \times 1.013 \times 10^5 \times (40-20) \times 10^{-3} \text{ J} = 1.42 \times 10^4 \text{ J}$$

循环过程中气体所做的净功为

$$W = Q_1 + Q_2 - Q_3 = 1.5 \times 10^3 \text{ J}$$

（2）由于 $Q_{\text{放}} = Q_3 = 1.42 \times 10^4$ J，$Q_{\text{吸}} = Q_1 + Q_2 = 1.57 \times 10^4$ J，故循环效率为

$$\eta = 1 - \frac{Q_{\text{放}}}{Q_{\text{吸}}} = \left(1 - \frac{1.42 \times 10^4}{1.57 \times 10^4}\right) \times 100\% = 9.9\%$$

授课章节	第十三章　热力学基础 13-6 热力学第二定律的表述　卡诺定理；13-7 熵　熵增加原理；13-8 热力学第二定律的统计意义
目的要求	了解可逆过程和不可逆过程；了解熵及其物理意义；了解热力学第二定律及其统计意义
重点难点	热力学第二定律；熵及其物理意义

主要内容

一、热力学第二定律

热力学第二定律有开尔文表述和克劳修斯表述两种形式。

（1）开尔文表述：不可能从单一热源吸热，使之完全变成有用功而不引起其他变化。

（2）克劳修斯表述：热量不可能自动地从低温物体传向高温物体，而不引起其他变化。

以上两种表述等价。热力学第二定律指明了宏观热力学现象具有方向性，也就是说，满足热力学第一定律（能量守恒定律）的热力学过程不一定都能够实现，还要看它是否满足热力学第二定律。热力学第二定律也否定了第二类永动机出现的可能，第二类永动机不违背能量守恒定律，但是违背热力学第二定律。

二、可逆过程与不可逆过程

一个系统由某一状态出发经某一过程到达另一状态，若存在另一过程使系统回到原来状态，同时又完全消除原来过程时外界产生的一切影响，则称原来的过程为可逆过程。反之，若用任何方法都不能使系统和外界完全复原，则称原来的过程为不可逆过程。一切与热现象有关的宏观过程都具有不可逆性。

三、卡诺定理

卡诺定理：工作在两个恒温热源之间的一切可逆热机，其效率都相等，与工作物质无关；工作在两个恒温热源之间的一切不可逆热机，其效率都小于可逆热机的效率。卡诺定理可以表示为

$$\eta_{可逆} = 1 - \frac{T_2}{T_1}, \ \eta_{不可逆} < 1 - \frac{T_2}{T_1}$$

提高热机效率的途径：提高高温热源温度，降低低温热源的温度，增大两个热源的温差。

四、熵

熵是系统的状态函数，也是系统的分子热运动无序程度的量度。系统状态越有序，熵值越小，反之熵值越大。

熵的表达式为

$$S = k\ln W$$

式中，W 为热力学概率，是系统任一宏观状态对应的微观状态数目。

熵增加原理：在孤立系统中发生的一切可逆过程，其熵不变；在孤立系统中发生的一切不可逆过程，其熵都要增加。熵增加原理也就是指孤立系统中的熵永不减少，其表达式为

$$\Delta S \geq 0$$

熵的变化（ΔS）描述了宏观过程的方向性，可以判断不可逆过程进行的方向。

熵的热力学表示：在可逆过程中，系统从状态 A 改变到状态 B，其热温比（热温比为可逆等温过程中吸收或放出的热量与热源温度之比）的积分只取决于始末状态，而与过程无关。据此可知热温比的积分是状态函数的增量，此状态函数称为熵，即

$$S_B - S_A = \int_A^B \frac{\mathrm{d}Q}{T}$$

例题精解

例题 13-4 请判断图 13-4 中两个循环过程是否可能发生？

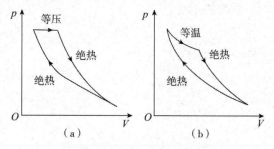

图 13-4 例题 13-4 图

解 由图可知，图 13-4（a）的等压过程和图 13-4（b）的等温过程为吸热过程。两个绝热过程的总效果是对外做功。一个系统从高温热源吸收热量，然后对外做功，这是符合能量守恒定律（热力学第一定律）的。但是，我们知道绝热过程和外界没有热量交换，也就是说，经过一个循环过程，图 13-4（a）的等压过程和图 13-4（b）的等温过程在高温吸收的热量全部转化为功，并没有在低温释放部分热量，这是违背热力学第二定律的，因此图 13-4（a）和图 13-4（b）的两个循环过程在实际生活中是不可能发生的。

大学物理导学与提升教程（上册）

综合习题（一）

学　　号：_____

姓　　名：_____

班　　级：_____

授课教师：_____

综合习题（一）

第一章　质点运动学

1-1　一质点在平面 Oxy 内运动，在某一时刻它的位置矢量 $r = -4i + 5j$（单位为 m），经 $\Delta t = 5$ s 后，其位移 $\Delta r = 6i - 8j$（i、j 分别为 x、y 方向的单位矢量），试问：

（1）此时刻的位置矢量为＿＿＿＿＿＿＿＿＿＿；

（2）在 Δt 时间内质点的平均速度为＿＿＿＿＿＿＿＿＿＿。

1-2　一质点从点 O 出发，以匀速率 1 cm/s 做顺时针转向的圆周运动，圆的半径为 1 m，如图 1 所示。当它走过 2/3 圆周时，走过的路程是＿＿＿＿＿＿＿＿＿＿，这段时间内质点的平均速度大小为＿＿＿＿＿＿＿＿＿＿，方向是＿＿＿＿＿＿＿＿＿＿。

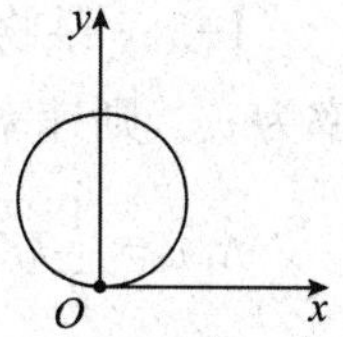

图 1

1-3　一质点在平面 Oxy 上运动，运动函数为 $x = 2t$，$y = 19 - 2t^2$（单位为 m），试求：（1）质点运动的轨迹方程并画出轨迹曲线；（2）$t = 2$ s 时，质点的位置、速度和加速度。

1-4 质点 p 在一直线上运动，其坐标 x（单位为 m）与时间 t（单位为 s）有如下关系

$$x = -A\sin \omega t \text{（}A\text{ 为常数）}$$

试求：（1）任意时刻 t，质点的加速度 a；（2）质点速度为 0 的时刻 t。

1-5 某物体的运动规律为 $\mathrm{d}v/\mathrm{d}t = -kv^2 t$，式中，$k$ 为常数，$k > 0$。当 $t = 0$ 时，初速率为 v_0，则速率 v 与时间 t 的函数关系是（　　）。

A. $v = \dfrac{1}{2}kt^2 + v_0$ 　　　　　　B. $v = -\dfrac{1}{2}kt^2 + v_0$

C. $\dfrac{1}{v} = \dfrac{kt^2}{2} + \dfrac{1}{v_0}$ 　　　　　　D. $\dfrac{1}{v} = -\dfrac{kt^2}{2} + \dfrac{1}{v_0}$

1-6 一质点沿 x 轴运动，其加速度大小为 $a = 4t$（单位为 m/s²），已知 $t = 0$ 时，质点位于 $x_0 = 10$ m 处，初速率 $v_0 = 0$。试求其速率和时间、位置和时间的关系式。

1-7 试说明质点做何种运动时，将出现下述各种情况（a_t、a_n 分别表示切向加速度和法向加速度大小且 $v \neq 0$）：（1）$a_t \neq 0$，$a_n \neq 0$；（2）$a_t \neq 0$，$a_n = 0$。

1-8 一物体做如图 2 所示的斜抛运动，测得点 A 处速度 v 的大小为 v，其方向与水平方向夹角成 30°。则物体在点 A 的切向加速度大小 $a_t =$ _____，轨道的曲率半径 $r =$ _____。

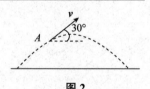

图 2

1-9 一质点沿半径为 0.02 m 的圆周运动，它所走过的路程与时间的关系为 $s = 0.1t^3$（单位为 m），当质点的线速度为 $v = 0.3$ m/s 时，它的法向加速度和切向加速度大小各为多少？

1-10 某人骑自行车以速率 v 向西行驶，今有风以相同速率从北偏东 30° 方向吹来，那么人感到风从（　　）方向吹来。

A 北偏东 30°　　　　　　　　　　　B. 南偏东 30°

C. 北偏西 30°　　　　　　　　　　　D. 西偏南 30°

1-11 在水平飞行的飞机上向前发射一颗炮弹，发射后飞机的速度为 v_0，炮弹相对于飞机的速度为 v。忽略空气阻力，设两种参考系中坐标原点均在发射处，x 轴沿速度方向向前，y 轴竖直向下，则：（1）以地球为参考系，炮弹的轨迹方程为＿＿＿＿＿＿＿＿＿；（2）以飞机为参考系，炮弹的轨迹方程为＿＿＿＿＿＿＿＿＿＿＿＿。

1-12 某电动机转子半径 $r = 0.1$ m，转子转过的角位移与时间的关系为 $\theta = 2 + 4t^3$，试求：（1）当 $t = 2$ s 时，边缘上一点的法向加速度和切向加速度大小；（2）当合加速度与半径夹角成 45° 时，t 为多少？

第三章　动量守恒定律和能量守恒定律

3-1　已知地球的质量为 M，半径为 R，现有一质量为 m 的火箭从地面上升到距地面 $3R$ 的位置处，在此过程中地球引力对火箭做的功为_____。

3-2　一质点在图 3 所示的坐标平面内做圆周运动，有一力 $\boldsymbol{F} = F_0(x\boldsymbol{i} + y\boldsymbol{j})$ 作用在质点上，则此力在该质点从坐标原点运动到点 $(-R, R)$ 过程中对其做的功为_____。

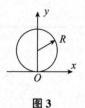

图 3

3-3　质量 $m = 2$ kg 的物体沿 x 轴做直线运动，所受合外力 $F = 10 + 6x^2$（单位为 N）。如果在 $x = 0$ 处时，速率 $v_0 = 0$，试求该物体运动到 $x = 4$ m 处时的速度大小。

3-4　以下对功的描述中正确的是（　　）。

A. 保守力做正功时，系统内相应的势能增加

B. 作用力和反作用力大小相等、方向相反，所以两者做功的代数和必须为零

C. 质点沿闭合路径运动，保守力对质点做的功等于零

D. 摩擦力只能做负功

3-5　矿砂均匀落在水平运动的传送带上，落砂量 $q = 50$ kg/s。传送带匀速移动，速率 $v = 1.5$ m/s。则电动机拖动皮带的功率为_____，单位时间内落砂获得的动能为_____。

3-6   一质量为 m 的质点在指向中心的力 $F = k/r^2$ 的作用下，做半径为 r 的圆周运动，选取距离中心无穷远处的势能为零，求质点运动的速率和总机械能。

3-7   两个小球 A、B 放在光滑水平面上，两球用一轻绳连接，两球绕绳上的一点以相同的角速度做匀速圆周运动，若 $m_A : m_B = 1 : 2$，则球 A 和球 B 的运动半径之比 $r_A : r_B =$ ＿＿＿＿＿＿＿＿＿＿；动能之比 $E_{kA} : E_{kB} =$ ＿＿＿＿＿＿＿＿＿＿＿。

3-8   已知地球的半径为 R，质量为 M，现有一质量为 m 的物体，在离地面高度为 $2R$ 处，以地球和物体为系统，若取地面为势能零点，则系统的引力势能为＿＿＿＿＿＿＿＿；若取无穷远处为势能零点，则系统的引力势能为＿＿＿＿＿＿＿＿。（G 为万有引力常量。）

3-9   一个弹簧下端挂质量为 0.1 kg 的砝码时长度为 0.07 m，挂 0.2 kg 的砝码时长度为 0.09 m。现把此弹簧平放在光滑桌面上，并将其沿水平方向从长度 $l_1 = 0.10$ m 缓慢拉长到 $l_2 = 0.14$ m，求外力做的功。（本题 g 取 10 m/s²。）

3-10 用铁锤将一铁钉打入木板，沿着铁钉方向木板对铁钉的阻力与铁钉进入木板的深度成正比。在铁锤击打第一次时，能将铁钉击入 1 cm，若铁锤击打铁钉的速度不变，则击打第二次时，铁钉能被击入木板的距离为_____。

3-11 如图 4 所示，质量为 m 的珠子穿在半径为 R 的固定不动的铅直圆环上，并可沿圆环作无摩擦滑动。珠子与劲度系数为 k 的弹簧连接，弹簧的另一端固定于点 C。开始时珠子静止于点 A，此时弹簧为原长。当珠子下滑到点 B 时，珠子的速度为_____，圆环作用于珠子的作用力为_____。

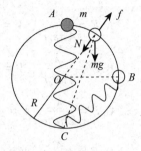

图 4

3-12 质量分别为 m_1、m_2 的物体与劲度系数为 k 的弹簧连接成如图 5 所示的系统，物体 m_1 放置在光滑桌面上，忽略绳与滑轮的质量及摩擦，当系统达到平衡后，将质量为 m_2 的物体下拉距离 h 后放手，求物体 m_1、m_2 运动的最大速率。

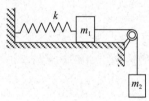

图 5

第五章　静电场

5-1　半径为 0.1 m 的孤立导体球，其电势为 300 V，以无穷远处为电势零点，则离导体球中心 30 cm 处的电势为_____。

5-2　如图 6 所示，一长直导线横截面半径为 a，导线外同轴地套一半径为 b 的薄圆筒，两者互相绝缘，并且外筒接地，设导线单位长度的电荷量为 $+\lambda$，且设地面的电势为零，则两导体之间的点 P（$OP = r$）的电场强度大小和电势分别为（　　　）。

A. $E = \dfrac{\lambda}{4\pi\varepsilon_0 r^2}$, $V = \dfrac{\lambda}{2\pi\varepsilon_0}\ln\dfrac{b}{a}$

B. $E = \dfrac{\lambda}{4\pi\varepsilon_0 r^2}$, $V = \dfrac{\lambda}{2\pi\varepsilon_0}\ln\dfrac{b}{r}$

C. $E = \dfrac{\lambda}{2\pi\varepsilon_0 r}$, $V = \dfrac{\lambda}{2\pi\varepsilon_0}\ln\dfrac{a}{r}$

D. $E = \dfrac{\lambda}{2\pi\varepsilon_0 r}$, $V = \dfrac{\lambda}{2\pi\varepsilon_0}\ln\dfrac{b}{r}$

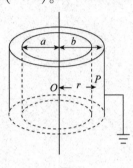

图 6

5-3　真空中有一长为 $2l$ 的均匀带电细杆，总电荷量为 q，设无穷远处为电势零点，求在杆外延长线上与杆端距离为 a 的点 P 的电势。

5-4　如图 7 所示，曲线表示球对称或轴对称静电场的某一物理量随径向距离 r 变化的关系，E 为电场强度的大小，V 为电势，该曲线所描述的是（　　　）。

A. 半径为 R 的无限长均匀带电圆柱体电场的 E-r 关系

B. 半径为 R 的无限长均匀带电圆柱面电场的 E-r 关系

C. 半径为 R 的均匀带正电球面电场的 V-r 关系

D. 半径为 R 的均匀带正电球体电场的 V-r 关系

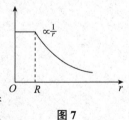

图 7

5-5　如图 8 所示，边长为 a 的等边三角形的 3 个顶点上，放置着 3 个正点电荷，电荷量分别为 q、$2q$ 和 $3q$，若将另一正点电荷 Q 从无穷远处移到三角形的中心点 O 处，则在此过程中外力对正点电荷 Q 所做的功为（ ）。

A. $\dfrac{2\sqrt{3}\,qQ}{4\pi\varepsilon_0 a}$

B. $\dfrac{4\sqrt{3}\,qQ}{4\pi\varepsilon_0 a}$

C. $\dfrac{6\sqrt{3}\,qQ}{4\pi\varepsilon_0 a}$

D. $\dfrac{8\sqrt{3}\,qQ}{4\pi\varepsilon_0 a}$

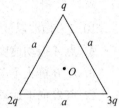

图 8

5-6　如图 9 所示，在电矩为 p 的电偶极子的电场中，将一电荷量为 q 的点电荷从点 A 沿半径为 R 的圆弧移到点 B，圆弧的圆心与电偶极子中心重合，R 远大于电偶极子正负电荷之间的距离，求此过程中电场力对点电荷所做的功。

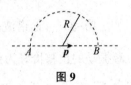

图 9

5-7　如图 10 所示，一个点电荷的电荷量 $q = 10^{-9}\ \text{C}$，点 A、B、C 分别距离点电荷 10、20、30 cm。若选点 B 的电势为零，则点 A 的电势为＿＿＿＿＿＿＿＿＿＿，点 C 的电势为＿＿＿＿＿＿＿＿＿＿。

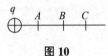

图 10

5-8　一均匀电场，电场强度 $E = 400\boldsymbol{i} + 600\boldsymbol{j}$ 单位为（$\text{V}\cdot\text{m}^{-1}$），则点 $A(3，2)$ 和点 $B(1，0)$ 之间的电势差 $U_{AB} = $＿＿＿＿＿＿＿＿＿＿＿＿。

5-9　如图 11 所示为两个均匀带电同心球面，半径分别为 R_1 和 R_2，总电荷量分别为 $+Q$ 和 $-Q$，求 3 个区域的电场强度大小 E_1、E_2、E_3 和电势 V_1、V_2 和 V_3。

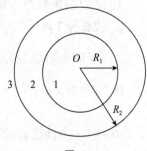

图 11

第十章　波动

10-1　横波以波速 u 沿 x 轴负方向传播，t 时刻波形如图 12 所示，则该时刻（　　）。

A. 点 A 振动速度大于零

B. 点 B 静止不动

C. 点 C 向下运动

D. 点 D 振动速度小于零

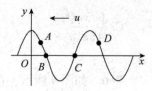

图 12

10-2　一横波的波函数为 $y = 0.01\cos[10\pi(2.5t - x)]$（单位为 m），则在 $t = 0.1$ s 时，$x = 2$ m 处质点的速度大小是 _____。

10-3　一简谐波的振动周期 $T = \dfrac{1}{2}$ s，波长 $\lambda = 10$ m，振幅 $A = 0.1$ m。当 $t = 0$ 时，波源振动的位移恰好为正方向的最大值。若坐标原点和波源重合，且波沿 x 轴正方向传播，试求：（1）此波的波函数；（2）$t_1 = \dfrac{T}{4}$ 时刻，$x_1 = \dfrac{\lambda}{4}$ 处质点的位移；（3）$t_2 = \dfrac{T}{2}$ 时刻，$x_1 = \dfrac{\lambda}{4}$ 处质点的振动速度大小。

10-4　一平面简谐波的波函数为 $y = 0.1\cos(3\pi t - \pi x + \pi)$（单位为 m），$t = 0$ 时刻的波形图如图 13 所示，则（　　）。

A. 点 O 的振幅为 -0.1 m

B. 波长为 3 m

C. a、b 两点间的相位差为 $\dfrac{\pi}{2}$

D. 波速为 9 m·s^{-1}

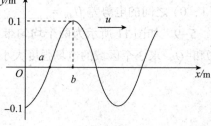

图 13

10-5　一平面简谐波沿 x 轴正向传播，已知振幅为 0.08 m，频率 $\nu = 50$ Hz，波长 $\lambda = 4$ m，在 x 轴上取一点 O 作为原点，当点 O 处的质点处于正的最大位移时开始计时，则该波的波函数为 _____。

10-6 一平面简谐波在 $t = 0$ 时的波形如图 14 所示，该简谐波向右传播，波速 $u = 200$ m/s，试求：（1）点 O 的振动方程；（2）此波的波函数；（3）$x = 3$ m 处点 P 的振动方程。

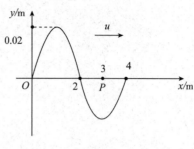

图 14

10-7 频率为 500 Hz 的波，其波速 $u = 360$ m/s，在同一波线上相位差为 60° 的两点的距离为（　　）。

A. 0.24 m   B. 0.48 m

C. 0.36 m   D. 0.12 m

10-8 两波波形如图 15 所示，图 15（a）表示 $t = 0$ 时的余弦波的波形图，波沿 x 轴正向传播；图 15（b）为一余弦振动曲线，则图 15（a）中所表示的 $x = 0$ 处振动的初相与图 15（b）所示的振动的初相分别为 $\varphi_1 = $ _____，$\varphi_2 = $ _____。

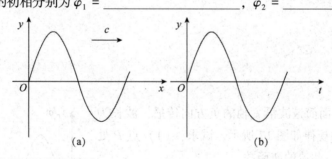

（a）   （b）

图 15

10-9　一横波沿绳子传播，其波函数为 $y = 0.05\cos(100\pi t - 2\pi x)$，单位为 m，试求：（1）此波的振幅、波速、频率和波长；（2）绳子上各质点的最大振动速率和最大振动加速度大小；（3）$x_1 = 0.2$ m 和 $x_2 = 0.7$ m 处两质点振动的相位差。

10-10　一平面简谐波在介质中以波速 $u = 20$ m/s 沿 x 轴负方向传播，已知点 a 的振动方程为 $ya = 3\cos 4\pi t$（SI 制）：（1）以点 a 为坐标原点写出波函数；（2）以与点 a 相距 5 m 处的点 b 为坐标原点写出波函数。

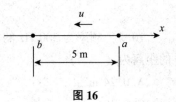

图 16

10-11　一平面简谐波沿 x 轴的负方向传播，波长为 λ，点 P 处的振动规律如图 17 所示，试求：（1）点 P 处的振动方程；（2）此波的波函数。

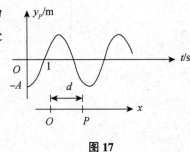

图 17

第十二章　气体动理论

12-1　理想气体物态方程可写成 $\dfrac{pV}{T}=C$ 的形式，则下列选项中正确的是（　　　）。

A. C 只与气体种类有关　　　　　　　B. C 只与气体质量有关

C. C 只与气体物质的量有关　　　　　D. C 只与气体所处状态有关

12-2　设某理想气体体积为 V，压强为 p，温度为 T，每个分子的质量为 m，玻尔兹曼常量为 k，则该气体的分子总数可以表示为（　　　）。

A. pV/km　　　　　　　　　　　　　B. pT/mV

C. pV/kT　　　　　　　　　　　　　D. pT/kV

12-3　容积 $V=1$ m³ 的容器内混有 $N_1=1.0\times10^{25}$ 个氢气分子和 $N_2=4.0\times10^{25}$ 个氧气分子，混合气体的温度为 400 K，试求：（1）气体分子的平动动能总和；（2）混合气体的压强。（普适气体常量 $R=8.31$ J·mol^{-1}·K^{-1}。）

12-4　1 mol 氢气，当温度由 273 K 升至 281 K 时，其内能增量为（　　　）。

A. 166.2 J　　　　　　　　　　　　　B. 49.86 J

C. 83.1 J　　　　　　　　　　　　　　D. 99.72 J

12-5　一定量气体，在将其体积压缩一半的同时，使其温度降为原来的 $\dfrac{1}{3}$，则其分子平均平动动能是原来的＿＿＿＿＿＿，压强是原来的＿＿＿＿＿＿。

12-6　容器中装有氧气，其压强 $p=1$ atm，温度 $t=27$ ℃，试求：（1）氧气的分子数密度 n；（2）氧气的密度 ρ；（3）氧气分子的平均平动动能；（4）方均根速率 $\sqrt{\overline{v^2}}$。

12-7 储有氧气的容器以 $v = 80.6$ m/s 的速率运动。若该容器突然停止，且全部定向运动的动能都变为分子热运动的动能，则氧气温度将升高（　　　）。

A. 4 K

B. 5 K

C. 6 K

D. 7 K

12-8 把一绝热容器用绝热隔板分成相等的两部分，左边盛放 CO_2，右边盛放 H_2，两种气体质量相等，温度相同。如隔板与器壁无摩擦，则隔板应向＿＿＿＿＿＿移动，达到新的平衡后＿＿＿＿＿＿的温度比较高。

12-9 如图 18 所示，ac 曲线是 1 000 mol 氢气的等温线，其中，压强 $p_1 = 4 \times 10^5$ Pa，$p_2 = 20 \times 10^5$ Pa，在点 a 氢气的体积 $V_1 = 2.5$ m³，试求：（1）该等温线温度；（2）氢气在点 b 和点 d 的温度。

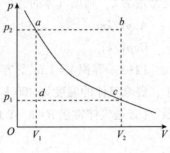

图 18

12-10 如图 19 所示，两条 $f(v)$–v 曲线分别表示氢气和氧气在同一温度下的麦克斯韦速率分布曲线。由此可得氢气分子的最可几（概然）速率为＿＿＿＿＿＿＿＿＿＿＿＿＿＿＿＿；氧气分子的最可几（概然）速率为＿＿＿＿＿＿＿＿＿＿＿＿＿＿＿＿。

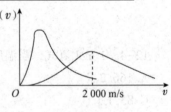

图 19

12-11 氮气在标准状态下的平均碰撞频率为 5.42×10^8 s⁻¹，平均自由程为 6×10^{-6} cm，若温度不变，气压降为 0.1 atm，则分子平均碰撞频率变为＿＿＿＿＿＿＿；平均自由程变为＿＿＿＿＿＿＿。

12-12 麦克斯韦速率分布函数为 $f(v)$，分子总数为 N，分子质量为 m，说明下列各式的物理意义：（1）$f(v)\,\mathrm{d}v$；（2）$\int_0^{v_p} f(v)\,\mathrm{d}v$；（3）$\int_{v_p}^{\infty} Nf(v)\,\mathrm{d}v$；（4）$\int_{v_1}^{v_2} \frac{1}{2}mv^2 Nf(v)\,\mathrm{d}v$；

（5）$\int_{v_1}^{v_2} vf(v)\,\mathrm{d}v \Big/ \int_{v_1}^{v_2} f(v)\,\mathrm{d}v$。

第十三章　热力学基础

13-1　如图 20 所示，一组等温线和一组绝热线，1、3、4、6、1 构成 I 循环，1、2、5、6、1 构成 II 循环，则（　　）。

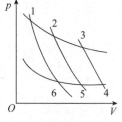

图 20

A. $W_I > W_{II}$，$\eta_I > \eta_{II}$

B. $W_I > W_{II}$，$Q_{吸I} > Q_{吸II}$

C. $\eta_I = \eta_{II}$，$Q_{吸I} < Q_{吸II}$

D. $\eta_I < \eta_{II}$，$Q_{吸I} > Q_{吸II}$

13-2　卡诺制冷机从 7 ℃ 的热源提取 1 000 J 的热量传向 27 ℃ 的热源，需做功 ＿＿＿＿＿＿＿＿＿＿ J，从 −173 ℃ 传向 27 ℃ 时需做功 ＿＿＿＿＿＿＿＿＿＿ J。

13-3　一卡诺热机（可逆的），低温热源的温度为 27 ℃，热机效率为 40%，其高温热源温度为 ＿＿＿＿＿＿＿＿＿＿ K。今欲将该热机效率提高到 50%，若低温热源保持不变，则高温热源的温度应增加 ＿＿＿＿＿＿＿＿＿＿ K。

13-4　1 mol 双原子气体分子，原来的温度为 300 K，体积为 4 L，首先将其等压膨胀到 6.3 L，然后绝热膨胀回原来的温度，最后等温压缩回到原状态：（1）画出 p-V 曲线；（2）计算循环效率。

13-5　理想气体进行卡诺循环，低温热源的温度为 300 K，高温热源的温度为 400 K，每一次循环过程中气体对外做净功 800 J：试求（1）此循环过程的循环效率和一次循环过程中气体吸收的热量；（2）若维持低温热源温度不变，提高高温热源的温度，使每一次循环过程中气体对外做的净功增加为 1 200 J，且保持此循环过程工作在与原循环过程相同的两条绝热线之间，此时高温热源的温度是多少。

13-6　1 mol 双原子气体分子的循环过程如图 21 所示，求：（1）各过程中吸收的热量；（2）一次循环过程中气体所做的净功；（3）循环效率。

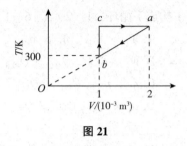

图 21

13-7　如图 22 所示，有一定量的理想气体，从初状态 $a(p_1, V_1)$ 开始，经过一个等体过程到达压强为 $p_1/4$ 的状态 b，再经过一个等压过程到达状态 c，最后经等温过程而完成一个循环，求该循环过程中系统对外做的功。

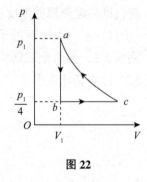

图 22

13-8　如图 23 所示，使 1 mol 氧气（1）由 A 等温变到 B；（2）由 A 等体变到 C，再由 C 等压变到 B，试分别计算上述过程中氧气所做的功和吸收的热量。

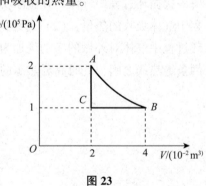

图 23

大学物理导学与提升教程（上册）

综合习题（二）

学　　号：_____

姓　　名：_____

班　　级：_____

授课教师：_____

综合习题（二）

第二章　牛顿定律

2-1　质量分别为 m_A 和 m_B 的两滑块 A 和 B 通过一轻弹簧水平连接后置于水平桌面上。滑块与桌面间的动摩擦因数均为 μ，系统在水平拉力 F 作用下匀速运动，如图 1 所示。如突然撤销拉力，则在撤销后的瞬间，二者的加速度 a_A 和 a_B 的大小分别为（　　）。

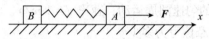

图 1

A. $a_A = 0$，$a_B = 0$　　　　　　　　B. $a_A > 0$，$a_B < 0$

C. $a_A < 0$，$a_B > 0$　　　　　　　　D. $a_A < 0$，$a_B = 0$

2-2　水平地面上放一物体 A，它与地面间的动摩擦因数为 μ。现加一恒力 F 如图 2 所示，欲使物体 A 有最大加速度，则恒力 F 与水平方向夹角 θ 应满足（　　）。

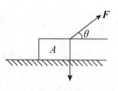

A. $\sin\theta = \mu$　　　　　　　　　　B. $\cos\theta = \mu$

C. $\tan\theta = \mu$　　　　　　　　　　D. $\cot\theta = \mu$

图 2

2-3　一个圆锥摆的摆线长为 l，摆线与竖直方向的夹角恒为 θ，如图 3 所示，则摆锤转动的周期为（　　）。

A. $\sqrt{\dfrac{l}{g}}$

B. $\sqrt{\dfrac{l\cos\theta}{g}}$

C. $2\pi\sqrt{\dfrac{l}{g}}$

D. $2\pi\sqrt{\dfrac{l\cos\theta}{g}}$

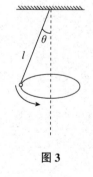

图 3

2-4　一质量为 0.25 kg 的质点，受力 $F = t\boldsymbol{i}$（单位为 N）的作用，其中 t 为时间。$t = 0$ 时该质点以 $\boldsymbol{v} = 2\boldsymbol{j}$（单位为 m/s）的速度通过坐标原点，则该质点在任意时刻的位置矢量是＿＿＿＿＿＿。

2-5 一质量为 m 的摩托车，在恒定的牵引力 F 的作用下工作，它所受的阻力与其速率的二次方成正比，它能达到的最大速率是 v_m。试计算从静止加速到所需的时间以及所走过的路程。

2-6 如图 4 所示，一块水平木板上放一个砝码，砝码的质量 $m = 0.2$ kg，它们在竖直平面内做半径 $R = 0.5$ m 的匀速圆周运动，速率 $v = 1$ m/s。当砝码与木板一起运动到图示位置时，砝码受到木板的摩擦力为多少？

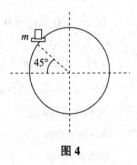

图 4

第三章　动量守恒定律和能量守恒定律

3-1　已知两个物体 A 和 B 的质量和速率都不相同。若物体 A 的动能比物体 B 的大，则 A 的动量大小 p_A 与 B 的动量大小 p_B 之间的关系为（　　）。

A. p_B 一定大于 p_A 　　　　　　　　B. p_B 一定小于 p_A

C. p_B 与 p_A 相等 　　　　　　　　D. 谁大谁小不能确定

3-2　一质量为 m 的质点，以不变的速率 v 沿着图 5 中正三角形 ABC 的水平光滑轨道运动。当质点越过点 A 时，轨道作用于质点的冲量大小为（　　）。

A. mv

B. $\sqrt{2}mv$

C. $\sqrt{3}mv$

D. $2mv$

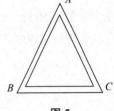

图 5

3-3　一颗子弹在枪膛里前进时所受的合力为时间 t 的函数为 $F = 800 - 4 \times 10^5 t$（单位为 N），子弹质量为 2 g，假设子弹离开枪口处时合力刚好为零，求子弹从枪口射出时的速率。

3-4　设作用在质量为 1 kg 的物体上的力 $F = 6t + 3$（单位为 N），若物体在这一力的作用下，从静止变为做直线运动，则在 0~2 s 的时间内，这个力作用在物体上的冲量大小 $I = $ _____。

3-5　如图 6 所示，一质量为 m 的小球自高为 y_0 处沿水平方向以速率 v_0 抛出，与地面碰撞后跳起的最大高度为 $\dfrac{1}{2} y_0$，水平速率 $\dfrac{1}{2} v_0$，则碰撞过程中：

(1) 地面对小球的竖直冲量的大小为 _____；

(2) 地面对小球的水平冲量的大小为 _____。

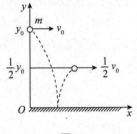

图 6

3-6　炮车以 30° 的仰角发射一颗炮弹，已知炮车重 5 000 kg，炮弹重 100 kg，炮弹在炮车的出口时相对于炮车的速率为 300 m/s：(1) 求炮车的反冲速率 v（不计炮车与地面的摩擦）；(2) 设炮车倒退后与缓冲垫相互作用时间为 2 s，求缓冲垫所受的平均冲力。

第四章　刚体转动和流体运动

4-1　两个力作用在一个有固定转轴的刚体上，以下说法中正确的是（　　　）。

A. 这两个力都平行于转轴时，其对转轴的合力矩一定是零

B. 这两个力都垂直于转轴时，其对转轴的合力矩一定是零

C. 当这两个力对转轴的合力矩为零时，其合力一定是零

D. 当这两个力的合力为零时，其对转轴的合力矩一定是零

4-2　如图7所示，一跨过滑轮的轻绳悬有质量不等的两个物体 A、B，滑轮半径为 20 cm，转动惯量为 50 kg·m^2 的滑轮与轴间的摩擦力矩为 98.1 N·m，轻绳与滑轮间无相对滑动，若滑动的角加速度为 2.36 rad/s^2，则滑轮两边轻绳中张力之差为_____。

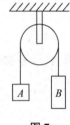

图7

4-3　一半径 10 cm 的主动轮，通过皮带拖动半径 50 cm 的从动轮，皮带与轮间无相对滑动。主动轮从静止开始做匀角加速转动。4 s 内从动轮的角速度达到 8π rad·s^{-1}，则主动轮在这段时间内转过_____圈。

4-4　一飞轮质量为 60 kg，半径为 0.25 m，当转速为 1 000 r/min 时，要在 5 s 内令其制动，求制动力 F，设闸瓦与飞轮间动摩擦因数 $\mu = 0.4$，飞轮的转动惯量可按均质圆盘计算，闸杆尺寸如图 8 所示。

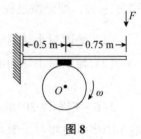

图8

4-5 一长为 l、重为 W 的均匀梯子靠墙放置，如图 9 所示。梯子下端连一弹性系数为 k 的弹簧。当梯子靠墙竖直放置时，弹簧处于自然长度，墙和地面都是光滑的，当梯子依墙而立与地面成 θ 角且处于平衡状态时：（1）地面对梯子作用力的大小为＿＿＿＿＿＿＿＿＿＿；（2）墙对梯子作用力的大小为＿＿＿＿＿＿＿＿＿＿；（3）W、k、l、θ 应满足的关系式为＿＿＿＿＿＿＿＿＿＿。

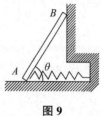

图 9

4-6 质量分别为 m 和 $2m$、半径分别为 r 和 $2r$ 的两个均质圆盘，同轴地粘在一起形成组合圆盘，可绕通过盘心且垂直于盘面的水平光滑轴转动，在大小盘边缘都绕有绳子，绳子下端都挂一质量为 m 的重物，如图 10 所示，试求：（1）组合圆盘的转动惯量；（2）组合圆盘的角加速度大小。

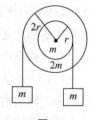

图 10

4-7 质量分别为 m 和 $2m$ 的两个质点，用一长为 l 的均质细杆相连，系统绕过杆上点 O 且与杆垂直的转轴转动，杆的质量为 M，如图 11 所示，当质量为 m 的质点的线速度为 v 且与杆垂直时，该系统对转轴的角动量（动量矩）为 _____。

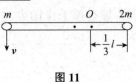

图 11

4-8 如图 12 所示，在水平光滑的桌面上，有一绳的一端系一个小物块，另一端穿过桌面的小孔，物块以角速度 ω 在距小孔为 R 的圆周上转动，当绳从小孔缓慢往下拉时，物体（ ）。

A. 动量守恒
B. 动能守恒
C. 动量和角动量都守恒
D. 动量和角动量都不守恒
E. 角动量守恒

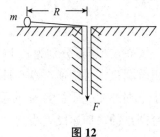

图 12

4-9 一飞轮以角速度 ω_0 绕光滑固定轴旋转，飞轮对轴的转动惯量为 J_1；另一静止飞轮突然和上述转动的飞轮啮合，绕同一转轴转动，该飞轮对轴的转动惯量为前者的两倍，啮合后整个系统的角速度 $\omega =$ _____。

4-10 一人站在均质圆板形的水平转台边缘，转台轴承处的摩擦可忽略不计，人的质量为 M，转台的质量为 $10M$、半径为 R。最初整个系统是静止的，当人把一质量为 m 的石子水平地沿转台边缘的切线方向投出时，石子的速率为 v（相对地面），求投出石子后转台的角速度和人的线速度的大小。

4-11 如图 13 所示，一圆盘正绕垂直于盘面的水平光滑固定轴 O 转动，此时射来两个质量相同，速度大小相同、方向相反并在一条直线上的子弹，子弹射入圆盘并且留在圆盘内，则子弹射入后的瞬间，圆盘的角速度 ω 将（   ）。

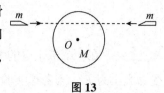

图 13

A. 增大   B. 不变

C. 减小   D. 不能确定

4-12 如图 14 所示，一根长为 l、质量为 M 的均质细杆，可绕其一端的光滑轴在竖直面内转动。有一质量为 m 的子弹，以水平速度 v_0 垂直射入杆的下端并嵌在其中，试求：
（1）子弹与细杆碰撞后的共同角速度 ω；（2）子弹嵌入细杆后细杆的最大摆角。

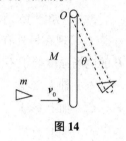

图 14

第五章　静电场

5-1　在一个带正电的大导体附近点 P 处放置一实验电荷 $q_0(q_0 > 0)$ ，实际测得它的受力大小为 F 。若考虑实验电荷的电荷量不是足够小，则 F/q_0 与点 P 原来的电场强度相比（　　　）。

A. 变大

B. 相同

C. 变小

D. 无法确定

5-2　如图 15 所示，在坐标原点处放一正电荷 Q，它在点 $P(1,0)$ 处产生的电场强度大小为 E 。现在另外有一个负电荷 $-2Q$，试问应将它放在（　　　），才能使点 P 的电场强度等于零。

A. x 轴上 $x>1$　　　　　　　　B. x 轴上 $0<x<1$

C. x 轴上 $x<0$　　　　　　　　D. y 轴上 $y>0$

E. y 轴上 $y<0$

图 15

5-3　如图 16 所示，一均匀带电的圆弧，所带电荷量为 q，所对圆心角为 θ_0，半径为 R，求圆心 O 处的电场强度。

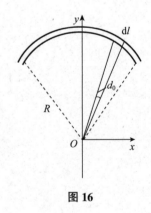

图 16

5-4　一半径为 R 的带有一缺口的细圆环，缺口长度为 d（$d \ll R$），环上均匀带正电，总电荷量为 q，如图 17 所示，则圆心 O 处电场强度的大小为_____；方向_____。

图 17

5-5 如图 18 所示，宽度为 a 的无限长均匀带正电荷平面，电荷面密度为 σ，点 P 到平面的相邻边的垂直距离为 a，求与带电平面共面的一点 P 处的电场强度。

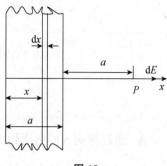

图 18

5-6 将一电荷线密度为 λ 的无限长均匀带电导线变成如图 19 所示的形状，求图中点 O 的电场强度。

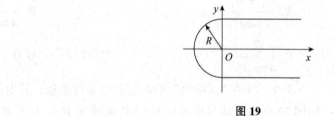

图 19

5-7　如图 20 所示，A 和 B 为两个均匀带电球体，球体 A 带电荷 $+q$，球体 B 带电荷 $-q$，作一与球体 A 同心的球面 S 为高斯面，则（　　　）。

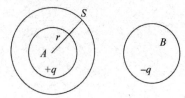

图 20

A. 通过球面 S 的电通量为零，球面 S 上各点的电场强度大小为零

B. 通过球面 S 的电通量为 q/ε_0，球面 S 上电场强度大小为 $E = \dfrac{q}{4\pi\varepsilon_0 r^2}$

C. 通过球面 S 的电通量为 $(-q)/\varepsilon_0$，球面 S 上电场强度大小为 $E = \dfrac{q}{4\pi\varepsilon_0 r^2}$

D. 通过球面 S 的电通量为 q/ε_0，但球面 S 上各点的电场强度大小不能直接由高斯定理求出

5-8　如图 21 所示，两个同心的均匀带电球面，内球面半径为 R_1、带有电荷 Q_1，外球面半径为 R_2、带有电荷 Q_2，则在内球面里面、距离球心为 r 处的点 P 的电场强度大小为（　　　）。

A. $\dfrac{Q_1 + Q_2}{4\pi\varepsilon_0 r^2}$

B. $\dfrac{Q_1}{4\pi\varepsilon_0 R_1^2} + \dfrac{Q_2}{4\pi\varepsilon_0 R_2^2}$

C. $\dfrac{Q_1}{4\pi\varepsilon_0 r^2}$

D. 0

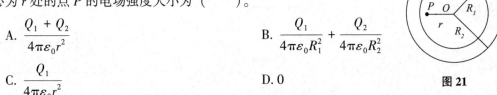

图 21

5-9　两块"无限大"的均匀带电平行平板，其电荷面密度分别为 σ（$\sigma > 0$）及 -2σ，如图 22 所示。试写出各区域的电场强度 E：Ⅰ 区 E 的大小为_____，方向_____，Ⅱ 区 E 的大小为_____，方向_____，Ⅲ 区 E 的大小为_____，方向_____。

图 22

5-10　如图 23 所示，在边长为 a 的正方形平面的中垂线上，距中心点 O 的 $a/2$ 处，有一电荷量为 q 的正点电荷，则通过该平面的电通量为_____。

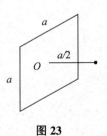

图 23

5-11 在半径为 R 的"无限长"均匀带电圆柱体的静电场中，各点的电场强度大小 E 与距轴线的距离 r 的关系曲线为（　　）。

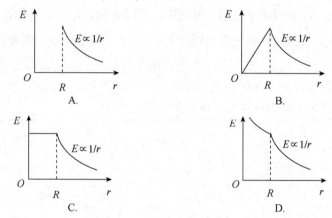

5-12 如图 24 所示，一厚度为 d 的"无限大"均匀带电平板，电荷体密度为 ρ，试求板内外的电场强度分布，并画出电场强度大小随坐标 x 变化的曲线，即 $E-x$ 曲线（设原点在均匀带电平板的中央平面上，x 轴垂直于平板）。

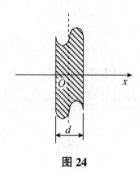

图 24

第六章　静电场中的导体与电介质

6-1　半径为 R_1 和 R_2 的两个同轴金属圆筒，其间充满着相对介电常量为 ε_r 的均匀电介质。设两圆筒上单位长度带有的电荷分别为 $+\lambda$ 和 $-\lambda$，则电介质中离轴线的距离为 r 处的电位移的大小 $D =$ ＿＿＿＿＿＿＿＿＿＿＿，电场强度大小 $E =$ ＿＿＿＿＿＿＿＿＿＿＿。

6-2　一均匀带电球体，半径为 R，球体内介电常量为 ε_1，球体外介电常量为 ε_2，且 $\varepsilon_1 > \varepsilon_2$，下列选项中 E–r 和 D–r 曲线正确的是（　　　　）。

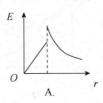
A.

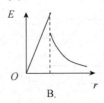
B.

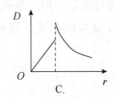
C.

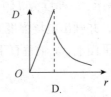
D.

6-3　如图 25 所示，一半径为 R_1，电荷量为 Q_0 的金属球，外面紧包一层各向同性的均匀电介质球壳，电介质球壳的外半径为 R_2，相对介电常量为 ε_r，试求：（1）空间电场强度分布；（2）金属球的电势。

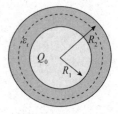

图 25

6-4　盖革-米勒管可用来测量电离辐射。该管的基本结构如图 26 所示，半径为 R_1 的长直导线作为一个电极，半径为 R_2 的同轴圆柱筒为另一个电极。它们之间充以相对介电常量 $\varepsilon_r \approx 1$ 的气体。当电离粒子通过气体时，能使其电离。当两极板间有电势差时，极板间有电流，从而可测出电离粒子的数量。以 E_1 表示半径为 R_1 的长直导线附近的电场强度大小：（1）求极板间电势的关系式；（2）若 $E_1 = 2.0 \times 10^6$ V/m，$R_1 = 0.30$ mm，$R_2 = 20.0$ mm，两极板间的电势差为多少？

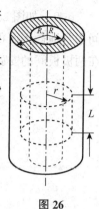

图 26

6-5　两平行板电容器，$C_1 = 8$ μF，$C_2 = 2$ μF，分别把它们充电到 1 000 V，然后将它们反接，如图 27 所示，此时两极板间的电势差为（　　）。

A. 0 V　　　　　　　　　　　B. 200 V

C. 600 V　　　　　　　　　　D. 1 000 V

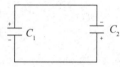

图 27

6-6　一平行板电容器两极板间距离为 d，其每个极板的面积为 S，今在两极板间平行插入一厚度为 $\dfrac{d}{3}$ 的相对介电常量为 ε_r 的电介质板，则此时电容器的电容 $C =$ _____

_____。

6-7　一平行板电容器，充电后切断电源，然后使两极板间充满相对介电常量为 ε_r 的各向同性的均匀电介质，此时两极板间的电场强度大小是原来的 _____，电场能量是原来的 _____。

6-8　一球形电容器，内球壳半径为 R_1，外球壳半径为 R_2，两球壳间充满相对介电常量为 ε_r 的各向同性的均匀电介质，设两球壳间的电势差为 U_{12}，试求：（1）电容器的电容；（2）电容器的储能。

6-9　如图 28 所示，一平行板电容器的两极板面积均为 S，板间距离为 d，在两极板间平行地插入面积也是 S、厚度为 t 的金属片，试求：（1）电容 C 等于多少；（2）金属片在两极板间的安放位置对电容有无影响。

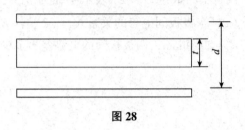

图 28

6-10　如图 29 所示，用力 F 把电容器的电介质板拉出，在图 29（a）和图（b）的两种情况下，电容器的储能将（　　）。

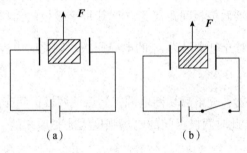

（a）　　　　　　　（b）

图 29

A. 都增加　　　　　　　　　　　　B. 都减少

C. 图 29（a）增加，图 29（b）减少　　　D. 图 29（a）减少，图 29（b）增加

6-11　两个电容器的电容比 $C_1 : C_2 = 1 : 2$，把它们串联起来接电源充电，它们的电场能量之比 $W_1 : W_2 = $ ＿＿＿＿＿＿＿＿＿＿；如果是并联起来接电源充电，则它们的电场能量之比 $W_1 : W_2 = $ ＿＿＿＿＿＿＿＿＿＿。

6-12　一平行板电容器，两极板分别带 $+Q$ 和 $-Q$ 电荷，则两极板间的相互作用力大小 F 与极板所带电荷量 Q 的关系为 ＿＿＿＿＿＿＿＿＿＿。

6-13 如图 30 所示，一圆柱形电容器由两个同轴圆筒组成，内筒半径为 a，外筒半径为 b，筒长都是 L，中间充满相对介电常量为 ε_r 的各向同性的均匀电介质。内、外筒分别带有等量异号电荷 $+Q$ 和 $-Q$。设 $(b-a) \ll a$，$L \gg b$，可以忽略边缘效应，试求：(1) 圆柱形电容器的电容；(2) 圆柱形电容器的储能。

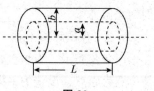

图 30

6-14 如图 31 所示，一导体球电荷量为 q，半径为 R，球外有两种均匀电介质，一种电介质 $\varepsilon_{r1}=5.0$，厚度为 d；另一种为空气，$\varepsilon_{r2}=1.0$，充满其余空间，试求：(1) 距离球心 O 为 r 处的电场强度大小 E 和电位移大小 D；(2) 离球心 O 为 r 处的电势 V；(3) 画出 $D(r)$、$E(r)$、$V(r)$ 的曲线图。

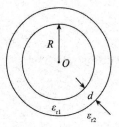

图 31

第九章　振动

9-1　在一竖直悬挂的弹簧下系一质量为 m 的物体，再用此弹簧改系一质量为 $4m$ 的物体，最后将此弹簧截断为两个等长的弹簧并联后悬挂质量为 m 的物体，则这 3 个系统的周期之比为 ＿＿＿＿＿＿＿＿＿。

9-2　轻质弹簧下挂一个小盘，小盘做简谐振动，平衡位置为原点，位移向下为正，并采用余弦表示。当小盘处在最低位置时，有一小物体落到小盘上并粘住。如果以新的平衡位置为原点，设新的平衡位置相对原平衡位置向下移动的距离小于原振幅，小物体与小盘相碰为计时零点，那么新的位移表示式的初相在（　　　）。

A. $0 \sim \dfrac{\pi}{2}$ 之间　　　　　　　　　B. $\dfrac{\pi}{2} \sim \pi$ 之间

C. $\pi \sim \dfrac{3\pi}{2}$ 之间　　　　　　　　D. $\dfrac{3\pi}{2} \sim 2\pi$ 之间

9-3　一弹簧振子沿 x 轴做简谐振动，已知弹簧的弹性系数 $k = 15.5$ N/m，物体质量 $m = 0.1$ kg，在 $t = 0$ s 时刻物体对平衡位置的位移 $x_0 = 0.05$ m，速率 $v_0 = -0.628$ m/s，试写出此弹簧振子的振动方程。

9-4　一质点沿 x 轴做简谐振动，振动范围的中心点为 x 轴的原点。已知周期为 T，振幅为 A。

（1）若 $t = 0$ 时质点过 $x = 0$ 处且朝 x 轴正方向运动，则振动方程为 $x =$ ＿＿＿＿＿＿＿；

（2）若 $t = 0$ 时质点处于 $x = A$ 处且朝 x 轴负方向运动，则振动方程为 $x =$ ＿＿＿＿＿＿。

9-5　如图 32 所示，3 条曲线分别表示简谐振动中的位移大小 x、速度大小 v 和加速度大小 a。下列说法中正确的是（　　　）。

A. 曲线 3、1、2 分别表示 x、v、a 曲线

B. 曲线 2、1、3 分别表示 x、v、a 曲线

C. 曲线 1、3、2 分别表示 x、v、a 曲线

D. 曲线 2、3、1 分别表示 x、v、a 曲线

E. 曲线 1、2、3 分别表示 x、v、a 曲线

9-6　一质点沿 x 轴以 $x = 0$ 为平衡位置做简谐振动，频率为 0.25 Hz。$t = 0$ 时，$x =$

图 32

- 0.37 cm，速度等于零，则振幅为＿＿＿＿＿＿＿＿，振动方程为＿＿＿＿＿＿＿＿。

9-7　两个同频率简谐振动 I 和 II 的振动曲线如图 33 所示，试求：（1）两简谐振动的运动方程 x_1 和 x_2；（2）在同一图中画出两简谐振动的旋转矢量，并比较两振动的相位关系。

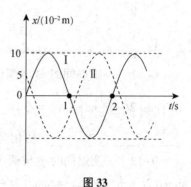

图 33

9-8　一质点做简谐振动的振动曲线如图 34 所示，写出它的振动方程，并指出点 a、b、c、d、e 对应的相位。

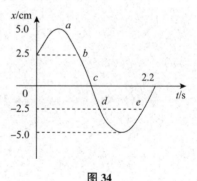

图 34

9-9　一物体做简谐振动，其速率最大值 $v_m = 3 \times 10^{-2}$ m/s，其振幅 $A = 2 \times 10^{-2}$ m。设 $t = 0$ 时，物体位于平衡位置且向 x 轴负方向运动，试求：（1）振动周期 T；（2）加速度的最大值 a_m；（3）振动方程。

9-10 一质点沿 x 轴做简谐振动，振动方程为 $x = 4\times10^{-2}\cos\left(2\pi t + \dfrac{1}{3}\pi\right)$（单位为 m），从 $t=0$ 时刻起，到质点位置在 $x = -2$ cm 处，其向 x 轴正方向运动的最短时间间隔为（　　）。

A. $\dfrac{1}{8}$s

B. $\dfrac{1}{4}$s

C. $\dfrac{1}{2}$s

D. $\dfrac{1}{3}$s

9-11 一质点同时参与两个在同一直线上的简谐振动，其振动方程分别为 $x_1 = 4 \times 10^{-2}\cos\left(2t + \dfrac{1}{6}\pi\right)$，$x_2 = 3 \times 10^{-2}\cos\left(2t - \dfrac{5}{6}\pi\right)$（单位为 m），则其合振动的振幅为 _____，初相为 _____。

9-12 一质点同时参与两个同方向同频率的简谐振动，它们的振动方程分别为 $x_1 = 6\cos(2t + \pi/6)$，$x_2 = 8\cos(2t - \pi/3)$（单位为 cm），试用旋转矢量法求出合振幅。

9-13 一质点做简谐振动，其振动方程为 $x = A\cos(\omega t + \varphi)$，在求该质点的动能时，得出下面 5 个结果：

（1）$\dfrac{1}{2}m\omega^2 A^2\sin^2(\omega t + \varphi)$；

（2）$\dfrac{1}{2}m\omega^2 A^2\cos^2(\omega t + \varphi)$；

（3）$\dfrac{1}{2}kA^2\sin(\omega t + \varphi)$；

（4）$\dfrac{1}{2}kA^2\cos^2(\omega t + \varphi)$；

（5）$\dfrac{2\pi^2}{T^2}mA^2\sin^2(\omega t + \varphi)$。

其中 m 为质点的质量，k 为弹簧的弹性系数，T 是振动周期，以下结果中正确的是（　　）。

A. （1）、（2）

B. （2）、（4）

C. （1）、（5）

D. （3）、（5）

E. （2）、（5）

9-14 一弹簧振子，弹簧的弹性系数为 $k = 25 \ \text{N/m}$ ，初始动能为 $0.2 \ \text{J}$ ，初始势能为 $0.6 \ \text{J}$ ，则其振幅为 _____ ；位移 $x =$ _____ 时，动能与势能相等；位移是振幅的一半时，势能是 _____ 。

9-15 如图 35 所示，有一水平弹簧振子，弹簧的弹性系数 $k = 24 \ \text{N/m}$ ，重物的质量 m 为 $6 \ \text{kg}$ ，重物静止在平衡位置上，设以一水平恒力（ $F = 10 \ \text{N}$ ）向左作用于物体（不计摩擦），使之由平衡位置向左运动了 $0.05 \ \text{m}$ ，此时撤去水平恒力，当物体运动到左方最远位置时开始计时，求物体的振动方程。

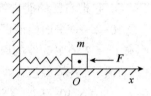

图 35

第十章　波动

10-1　一平面简谐波在媒质中传播，在媒质质元从最大位移处回到平衡位置的过程中（　　）。

A. 它的势能转化为动能

B. 它的动能转化为势能

C. 它从相邻的媒质质元获得能量，其能量逐渐增加

D. 它把自己的能量传给相邻媒质质元，其能量逐渐减小

10-2　一平面简谐机械波在媒质中传播时，若一媒质质元在 t 时刻的总机械能是 10 J，则在 $(t + T)$（T 为波的周期）时刻该媒质质元的振动动能是_____。

10-3　一弹性波在媒质中传播的波速 $u = 1.0 \times 10^3 \, \mathrm{m \cdot s^{-1}}$，振幅 $A = 1.0 \times 10^{-4} \, \mathrm{m}$，频率 $\nu = 1.0 \times 10^3 \, \mathrm{Hz}$，若该媒质的密度为 $800 \, \mathrm{kg \cdot m^{-3}}$，试求：（1）该波的平均能流密度；（2）1 min 内垂直通过一面积 $S = 4 \times 10^{-4} \, \mathrm{m^2}$ 的总能量。

10-4　如图 36 所示，两列波长为 λ 的相干波在点 P 相遇，点 S_1 的初相为 φ_1，S_1 到 P 的距离是 r_1；点 S_2 的初相为 φ_2，S_2 到 P 的距离是 r_2，以 k 代表零或正、负整数，则点 P 是干涉极大的条件为（　　）。

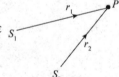

图 36

A. $r_2 - r_1 = k\lambda$

B. $\varphi_2 - \varphi_1 = 2k\pi$

C. $\varphi_2 - \varphi_1 + 2\pi(r_2 - r_1)/\lambda = 2k\pi$

D. $\varphi_2 - \varphi_1 + 2\pi(r_1 - r_2)/\lambda = 2k\pi$

10-5　如图 37 所示，两相干波源 S_1 和 S_2 相距 $\dfrac{\lambda}{4}$，（λ 为波长），S_1 的相位比 S_2 的相位超前 $\dfrac{1}{2}\pi$，在 S_1、S_2 的连线上，S_1 外侧各点（如点 P）由两波引起的简谐振动的相位差是（　　）。

A. 0

B. $\dfrac{1}{2}\pi$

C. π

D. $\dfrac{3}{2}\pi$

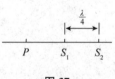

图 37

10-6 两相干波源 A、B 相距 0.3 m，相位差为 π，点 P 位于过点 B 且垂直于直线 AB 的直线上，且与点 B 相距 0.4 m，欲使两相干波源发出的波在点 P 加强，试求两相干波的波长为多少。

10-7 在波长为 λ 的驻波中，两个相邻波节之间的距离为（　　）。

A. λ B. $\dfrac{3\lambda}{4}$

C. $\dfrac{\lambda}{2}$ D. $\dfrac{\lambda}{4}$

10-8 两相干波沿同一直线反向传播形成驻波，则两相邻波节之间各点的相位及振幅的关系为（　　）。

A. 振幅全相同，相位全相同

B. 振幅不全相同，相位全相同

C. 振幅全相同，相位不全相同

D. 振幅不全相同，相位不全相同

10-9 设入射波的波函数为 $y_1 = A\cos\left[2\pi\left(\dfrac{t}{T} - \dfrac{x}{\lambda}\right)\right]$，其在 $x = 0$ 处发生反射，反射点为一节点，则反射波的波函数为_____。

10-10 在媒质中有一沿 x 轴正方向传播的平面简谐波，其波函数为 $y = 0.01\cos\left(4t - \pi x - \dfrac{\pi}{3}\right)$（单位为 m）。若在 $x = 5.00$ m 处有一媒质分界面，且在分界面有相位 π 的突变，若反射后波的强度不变，写出此平面波的反射波的波函数。

10-11　A、B 是简谐波波线上的两点。已知点 B 振动的相位比点 A 落后 $\frac{1}{3}\pi$，A、B 两点相距 0.5 m，波的频率为 100 Hz，则该波的波长 $\lambda =$ ＿＿＿＿＿＿＿＿＿＿＿ m，波速 $u =$ ＿＿＿＿＿＿＿＿＿＿＿ m/s。

10-12　某质点做简谐振动，周期为 2 s，振幅为 0.06 m；当 $t = 0$ s 时，质点恰好处在负向最大位移处，试求：（1）该质点的振动方程；（2）此振动以波速 $u = 2$ m/s 沿 x 轴正方向传播时，形成的一维简谐波的波函数（以该质点的平衡位置为坐标原点）；（3）该波的波长。

第十三章　热力学基础

13-1　一定量理想气体经历某过程后温度升高了，则以下描述中正确的有（　　）。

（1）气体在此过程中吸收了热量

（2）气体内能增加了

（3）气体既从外界吸热又对外做功

（4）外界对气体做正功

A.（1）、（3）、（4）　　　　　　　　　　B.（1）、（3）

C.（2）　　　　　　　　　　　　　　　　D.（2）、（4）

13-2　氮气和氢气物质的量相同，从相同的初态经等温过程体积膨胀为原来的两倍，则（　　）。

A. 两者对外做功相同，吸收热量不同　　　B. 两者对外做功不同，吸收热量相同

C. 两者对外做功和吸热均不相同　　　　　D. 两者对外做功和吸热均相同

13-3　一热力学过程沿图38中直线 abc 进行时，吸收热量350 J，同时对外界做功126 J：（1）当热力学过程沿直线 adc 进行时，系统对外界做功42 J，则系统吸收热量_____J；（2）当热力学过程沿曲线 ca 返回时，若外界对系统做功84 J，则系统是_____热量（填放出、吸收），热量是_____J。

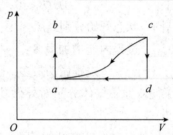

图 38

13-4　某理想气体经历图39所示的过程，则此过程中气体放出的热量是_____。

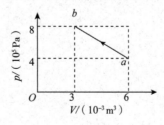

图 39

13-5　某理想气体按 $pV^2 =$ 恒量的规律膨胀，则该气体的温度（　　）。

A. 升高　　　　　　　　　　　　　　　　B. 降低

C. 不变　　　　　　　　　　　　　　　　D. 无法判断

13-6　由热力学第一定律可以判断任一微小过程中 dQ、dE、dW 的正负，下列判断中错误的是（　　）。

A. 等体升压、等温膨胀、等压膨胀时，$dQ > 0$

B. 等体升压、等压膨胀时，$dE > 0$

C. 等压膨胀时，dQ、dE、dW 同为正

D. 绝热膨胀时，$dE > 0$

13-7　如图 40 所示，曲线 $a1b$ 为绝热线，则系统沿曲线 $a2b$ 进行的过程中，下列说法中正确的是（　　）。

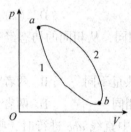

图 40

A. $Q > 0,\ \Delta E > 0,\ W > 0$　　　　　　　B. $Q = 0,\ \Delta E < 0,\ W > 0$

C. $Q > 0,\ \Delta E < 0,\ W > 0$　　　　　　　D. $Q < 0,\ \Delta E < 0,\ W < 0$

13-8　一定量理想气体，从同一状态开始分别经历等压、绝热、等温过程，使其体积膨胀为原来的两倍，其中＿＿＿＿＿＿过程内能增加最多；＿＿＿＿＿＿过程内能减少最多；＿＿＿＿＿＿过程内能不变；＿＿＿＿＿＿过程做功最多；＿＿＿＿＿＿过程做功最少。

13-9　在等压加热时，为了使双原子气体分子对外做功 $W = 2$ J，必须给气体传递热量为＝＿＿＿＿＿＿。

13-10　图 41 所示为一理想气体几种状态变化过程的 p-V 曲线，其中，曲线 MT 为等温线，曲线 MQ 为绝热线，在曲线 AM、BM、CM 描述的 3 种准静态过程中：

（1）温度降低的是曲线＿＿＿＿＿＿＿；（2）气体放热的是曲线＿＿＿＿＿＿＿。

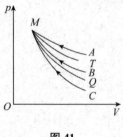

图 41

13-11　图 42 所示为一定量气体经历的循环过程，已知：$T_a = 300\ \text{K}$，$C_{p,\,m} = \dfrac{5}{2}R$，试求：（1）热力学过程沿直线 ab、bc 进行时的 Q、ΔE 和 W；（2）在整个循环过程中是否存在与气体处在点 a 时的内能相同的状态？若存在，它位于何处？

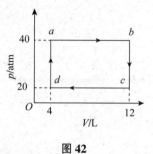

图 42

13-12　现有质量为 $2.8 \times 10^{-3}\ \text{kg}$、压强为 1 atm、温度为 27 ℃ 的氮气，先在体积不变的情况下，使其压强增至 3 atm，再经等温膨胀，使其压强降至 1 atm，试求：（1）$p\text{-}V$ 曲线；（2）各过程中内能的变化、系统对外界做的功和吸收的热量。

13-13　现有温度为 25 ℃、压强为 1 atm 的 1 mol 刚性双原子分子气体，计算下列过程中的功：（1）经等温过程体积膨胀为原来的 3 倍；（2）经绝热过程体积膨胀为原来的 3 倍。

大学物理导学与提升教程（上册）

综合测试（一）

学　　号：＿＿＿＿＿＿＿＿＿＿＿

姓　　名：＿＿＿＿＿＿＿＿＿

班　　级：＿＿＿＿＿＿＿＿＿

授课教师：＿＿＿＿＿＿＿＿＿

综合测试（一）

一、单项选择题（每题 3 分，总 21 分）

1. 关于圆周运动，下列说法中正确的是（ ）。

A. 匀速圆周运动就是加速度为零的圆周运动

B. 如果只有法向加速度，没有切向加速度，这种运动就是匀速曲线运动

C. 法向加速度反映了速度大小的改变

D. 如果只有切向加速度，没有法向加速度，这种运动就是直线运动

2. 均匀细棒 OA 可绕通过其一端点 O 而与棒垂直的水平固定光滑轴转动，如图 1 所示。今使棒从水平位置由静止开始自由下落，在棒摆到竖直位置的过程中，下列说法中正确的是（ ）。

A. 角速度从小到大，角加速度不变

B. 角速度从小到大，角加速度从小到大

C. 角速度从小到大，角加速度从大到小

D. 角速度不变，角加速度为零

图 1

3. 一个质点做简谐振动，振幅为 A，在起始时刻质点的位移为 $-\dfrac{A}{2}$，且向 x 轴正方向运动，代表此简谐振动的旋转矢量为（ ）。

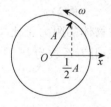
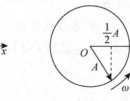
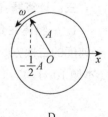

A.　　　　　　　B.　　　　　　　C.　　　　　　　D.

4. 对于带电的孤立导体球，下列说法中正确的是（ ）。

A. 导体内的电场强度与电势大小均为零

B. 导体内的电场强度为零，而电势为恒量

C. 导体内的电势比导体表面高

D. 导体内的电势与导体表面的电势高低无法确定

5. 将一均匀带电球体和一均匀带电球面置于真空中，若它们的半径和所带的电荷量都相等，则它们的静电能之间的关系是（ ）。

A. 球体的静电能等于球面的静电能

B. 球体的静电能大于球面的静电能

C. 球体的静电能小于球面的静电能

D. 球体内的静电能大于球面内的静电能，球体外的静电能小于球面外的静电能

6. 下列对最可几速率 v_p 的表述中，不正确的是（　　　）。

A. v_p 是气体分子可能具有的最大速率

B. 就单位速率区间而言，分子速率取 v_p 的概率最大

C. 分子速率分布函数 $f(v)$ 取极大值时所对应的速率就是 v_p

D. 在相同速率间隔条件下，分子处在 v_p 所在的那个间隔内的分子数最多

7. 两个相同的刚性容器，一个盛有氢气，一个盛有氦气（均视为刚性分子理想气体）。开始时它们的压强和温度都相同，现将 3 J 热量传给氦气，使之升高到一定的温度。若使氢气也升高同样的温度，则应向氢气传递的热量为（　　　）。

A. 6 J   B. 3 J   C. 5 J   D. 10 J

二、填空题（本题总计 9 分）

1. 一质点在两恒力的作用下，位移为 $\Delta r = 3i + 8j$（m），在此过程中，动能增量为 24 J，已知其中一恒力 $F = 12i - 3j$（N），则另一恒力所做的功为＿＿＿＿＿＿＿＿ J。

2. 一列平面简谐波沿正方向传播，波长为 λ。若在 $x = \lambda/2$ 处质点的振动方程为 $y = A\cos \omega t$，则该平面简谐波的表达式为＿＿＿＿＿＿。

3. 如图 2 所示，在真空中半径分别为 R 和 $2R$ 的两个同心球面，其上分别均匀地带有电荷量 $+q$ 和 $-3q$，今将一电荷量为 $+Q$ 的带电粒子从内球面处由静止释放，则该粒子到达外球面时的动能为＿＿＿＿＿＿。

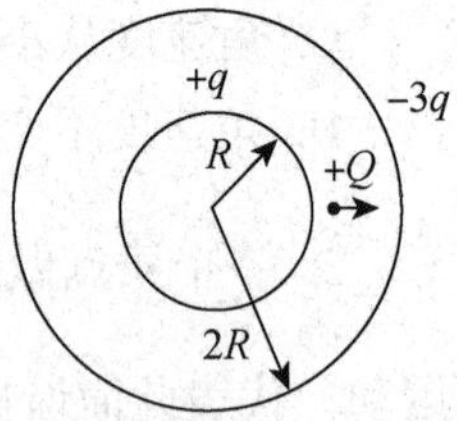

图 2

三、计算题（本题总计 70 分）

1. 一物体在介质中按规律 $x = ct^3$ 做直线运动，c 为一常数。设介质对物体的阻力正比于速度的二次方。试求物体由 $x_0 = 0$ 运动到 $x = l$ 时，阻力所做的功。（已知阻力系数为 k。）（本题 10 分。）

2. $F = 30 + 4t$（式中 F 的单位为 N，t 的单位为 s）的合外力作用在质量 $m = 10$ kg 的物体上，试求：（1）在开始 2 s 内此力的冲量；（2）若冲量 $I = 300$ N·s，此力作用的时间；（3）若物体的初速率 $v_1 = 10$ m/s，方向与 F 相同，在 $t = 6.86$ s 时，此物体的速率 v_2。（本题 6 分。）

3. 一轻绳跨过两个质量均为 m、半径均为 r 的均质圆盘状定滑轮，绳的两端分别挂着质量为 m 和 $2m$ 的重物，如图 3 所示。绳与滑轮间无相对滑动，滑轮轴光滑。两个定滑轮的转动惯量均为 $\frac{1}{2}mr^2$，将由两个定滑轮以及质量为 m 和 $2m$ 的重物组成的系统从静止释放，求两滑轮之间绳内的张力。（本题 10 分。）

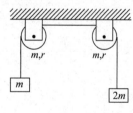

图 3

4. 现有 1 mol 的氢气，在压强为 1.0×10^5 Pa、温度为 20 ℃时，其体积为 V_0。先保持体积不变，加热使其温度升高到 80 ℃；然后令它等温膨胀，体积变为原体积的两倍。试分别计算以上两种过程中气体吸收的热量、对外做功和内能的增量。$\left(C_{V,\,m} = \dfrac{5}{2}R \,,\, R = 8.31 \text{ J} \cdot \text{mol}^{-1} \cdot \text{K}^{-1} \right)$（本题 6 分。）

5. 如图 4 所示，平行板电容器两极板面积均为 S，间距为 d，其间平行放置一厚度为 t 的金属板，忽略边缘效应，试求：（1）电容 C；（2）设无金属板时，电容器的电容为 $C_0 = 600\ \mu\text{F}$，两极板电势差为 10 V，当放入厚度 $t = \dfrac{1}{4}d$ 的金属板后，电容器的电容 C 及两板间的电势差（设电荷量不变）。（本题 10 分。）

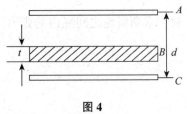

图 4

6. 一根半径为 a 的长直导线，其外面套有内半径为 b 的同轴导体圆筒，导线与导体圆筒间相互绝缘。已知导线的电势为 V，圆筒接地电势为零。试求导线与圆筒间的电场强度以及圆筒上的电荷线密度。（本题 10 分。）

7. 一质点沿 x 轴做简谐振动，当其距平衡点 O 为 2 cm 时，加速度大小为 4 cm/s^2，试求该质点从一端（静止点）运动到另一端所需的时间。（本题 8 分。）

8. 如图 5 所示，一平面波在介质中以波速 $u=20$ m/s 沿 x 轴负方向传播，已知点 A 的振动方程为 $y=3\times10^{-2}\cos 4\pi t$（SI 制）。（1）以点 A 为坐标原点写出波函数；（2）以距点 A 5 m 处的点 B 为坐标原点，写出波函数。（本题 10 分。）

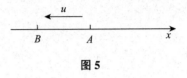

图 5

大学物理导学与提升教程（上册）

综合测试（二）

学　　号：_____

姓　　名：_____

班　　级：_____

授课教师：_____

综合测试（二）

一、单项选择题（每题 3 分，总 21 分）

1. 质点沿 x 轴正方向运动，其加速度随位置变化的关系 $a = \dfrac{1}{3} + 3x^2$（SI 制），若在 $x = 0$ 处速率为 $v_0 = 5\ \text{m/s}$，则 $x = 3\ \text{m}$ 处的速率为（　　）。

A. 6 m/s　　　　　B. 8 m/s　　　　　C. 9 m/s　　　　　D. 7 m/s

2. 关于力矩有以下几种说法：（1）对某个定轴转动刚体而言，内力矩不会改变刚体的角加速度；（2）一对作用力和反作用力对同一轴的力矩之和必为零；（3）质量相等，形状和大小不同的两个刚体，在相同力矩的作用下，它们的运动状态一定相同。对上述说法，下列判断中正确的是（　　）。

A. 只有（2）是正确的　　　　　　　B.（1）、（2）是正确的

C.（2）、（3）是正确的　　　　　　D.（1）、（2）、（3）都是正确的

3. 在驻波中，一个波节的两侧各质元的振动（　　）。

A. 对称点的振幅相同，相位相同　　　　B. 对称点的振幅不同，相位相同

C. 对称点的振幅相同，相位相反　　　　D. 对称点的振幅不同，相位相反

4. 根据有电介质时的高斯定理，在电介质中，电位移矢量沿任意一个闭合曲面的积分等于这个曲面所包围自由电荷的代数和。下列推论中正确的是（　　）。

A. 若电位移矢量沿任意一个闭合曲面的积分等于零，曲面内一定没有自由电荷

B. 若电位移矢量沿任意一个闭合曲面的积分等于零，曲面内电荷的代数和一定等于零

C. 介质中的电位移矢量与自由电荷和极化电荷的分布有关

D. 有电介质时的高斯定理表明电位移矢量仅仅与自由电荷的分布有关

5. 两个相同的电容器并联后，用电压 U_0 的电源充电后切断电源，然后在一个电容器中充满相对介电常量为 3 的电介质，则两极板间的电压 U 为（　　）。

A. $U = 0.5U_0$　　　　B. $U = U_0$　　　　C. $U = 2U_0$　　　　D. $U = 3U_0$

6. 已知氢气与氧气的温度相同，下列说法中正确的是（　　）。

A. 氧分子的质量比氢分子大，所以氧气的压强一定大于氢气的压强

B. 氧分子的质量比氢分子大，所以氧气的密度一定大于氢气的密度

C. 氧分子的质量比氢分子大，所以氢分子的速率一定比氧分子的速率大

D. 氧分子的质量比氢分子大，所以氢分子的方均根速率一定比氧分子的方均根速率大

7. 根据热力学第二定律可知（　　　）。

A. 自然界中的一切自发过程都是不可逆的

B. 不可逆过程就是不能向相反方向进行的过程

C. 热量可以从高温物体传到低温物体，但不能从低温物体传到高温物体

D. 任何过程总是沿着熵增加的方向进行

二、填空题（本题总计 9 分）

1. 一质点沿半径为 0.2 m 的圆周运动，其角位置随时间的变化规律是 $\theta = 6 + 5t^2$（SI 制）。在 $t = 2$ s 时，它的法向加速度 $a_n =$ _____ m/s^2；切向加速度 $a_t =$ _____ m/s^2。

2. 一平面简谐波的周期为 2.0 s，在波的传播路径上有相距为 2.0 cm 的 M、N 两点，如果点 N 的相位比点 M 相位落后 $\pi/6$，那么该波的波长为 _____ m，波速为 _____ m/s。

3. 如图 1 所示，在点电荷的电场中，若取点 P 为电势零点，则点 M 的电势为 _____。

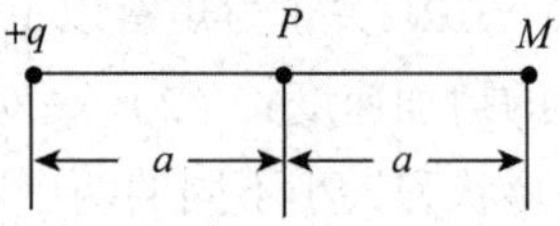

图 1

三、计算题（本题总计 70 分）

1. 一质点的运动方程为 $x = 3t + 5$，$y = 0.5t^2 + 3t + 4$（SI 制）。（1）以 t 为变量，写出位置矢量的表达式；（2）求质点在 $t = 4$ s 时速度的大小和方向。（本题 6 分。）

2. 一半径为 0.50 m 的飞轮在启动时的短时间内，其角速度与时间的二次方成正比。在 $t=2.0$ s 时测得轮缘一点的速度为 4.0 m/s，试求：（1）该轮在 $t'=2.0$ s 时的角速度，轮缘一点的切向加速度和总加速度大小；（2）该点在 2.0 s 内所转过的角度。（本题 10 分。）

3. 质量为 m_0 的门，其宽为 L。若有质量 m 的小球，以速率 v 垂直于门平面撞到门的边缘上。设碰撞是完全弹性的，试求碰撞后门和小球的运动速度大小（门的转动惯量为 $J = \dfrac{1}{3} m_0 L^2$）。（本题 10 分。）

4. 热容比 $\gamma = 1.40$ 的理想气体，进行如图 2 所示的 ABCA 循环，状态 A 的温度为 300 K：（1）求状态 B、C 的温度；（2）计算各过程中气体所吸收的热量、气体所做的功和气体内能的增量。（本题 6 分。）

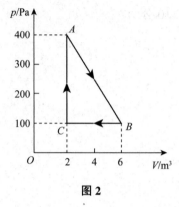

图 2

5. 如图 3 所示，一长直导线横截面半径为 a，导线外同轴地套一半径为 b 的薄圆筒，两者互相绝缘，并且外筒接地，设导线单位长度的电荷量为 $\pm\lambda$，并设地的电势为零，求两导体之间的点 P（$OP=r$）的电场强度大小和电势。（本题 10 分。）

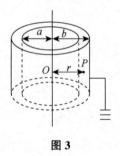

图 3

6. 一平行板电容器的极板面积为 $S = 1$ m²，两极板夹着一块 $d = 5$ mm 厚的同样面积的玻璃板。已知玻璃的相对介电常量 $\varepsilon_r = 5$。电容器充电到电压 $U = 12$ V 以后切断电源，求把玻璃板从电容器中抽出来外力需做多少功。（本题 10 分。）

7. 若简谐振动方程为 $x = 0.10 \cos(20\pi t + 0.25\pi)$，式中 x 的单位为 m，t 的单位为 s，试求：（1）振幅、频率、角频率、周期和初相；（2）$t = 2$ s 时的位移、速度和加速度大小。（本题 8 分。）

8. 一平面简谐波沿 Ox 轴的负方向传播，波长为 λ，点 P 处质点的振动规律如图 4（a）所示。（1）求点 P 处质点的振动方程；（2）求此波的波函数；（3）若图 4（b）中 $d = \dfrac{1}{2}\lambda$，求坐标原点 O 处质点的振动方程。（本题 10 分。）

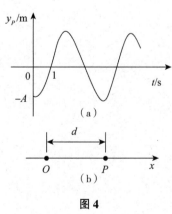

图 4

大学物理导学与提升教程（上册）

综合测试（三）

学　　号：_____

姓　　名：_____

班　　级：_____

授课教师：_____

综合测试（三）

一、单项选择题（每题 3 分，总 21 分）

1. 某人以 4 km/h 的速率向东前进，感觉风从正北吹来，如将速率增加一倍，则感觉风从东北方向吹来。实际风速与风向为（　　）。

    A. 4 km/h，从北方吹来   B. 4 km/h，从西北方吹来

    C. $4\sqrt{2}$ km/h，从东北方吹来   D. $4\sqrt{2}$ km/h，从西北方吹来

2. 质量为 0.25 kg 的质点，受 $\boldsymbol{F} = t\boldsymbol{i}$(N) 的力作用，$t=0$ 时该质点以 $\boldsymbol{v} = 2\boldsymbol{j}$(m/s) 的速度通过坐标原点，该质点任意时刻的位置矢量是（　　）。

    A. $2t^2\boldsymbol{i} + 2\boldsymbol{j}$(m)   B. $\frac{2}{3}t^3\boldsymbol{i} + 2t\boldsymbol{j}$(m)

    C. $\frac{3}{4}t^4\boldsymbol{i} + \frac{2}{3}t^3\boldsymbol{j}$(m)   D. 条件不足，无法确定

3. 对功的概念有以下几种说法：（1）保守力做正功时，系统内相应的势能增加；（2）质点运动经一闭合路径，保守力对质点做的功为零；（3）作用力和反作用力大小相等、方向相反，所以两者所做功的代数和必为零。关于上述说法，下列判断中正确的是（　　）。

    A.（1）、（2）是正确的   B.（2）、（3）是正确的

    C. 只有（2）是正确的   D. 只有（3）是正确的

4. 已知某简谐振动的振动曲线如图 1 所示，则此简谐振动的振动方程（x 的单位为 cm，t 的单位为 s）为（　　）。

    A. $x = 2\cos\left(\frac{2}{3}\pi t - \frac{2\pi}{3}\right)$

    B. $x = 2\cos\left(\frac{2}{3}\pi t + \frac{2\pi}{3}\right)$

    C. $x = 2\cos\left(\frac{4}{3}\pi t - \frac{2\pi}{3}\right)$

    D. $x = 2\cos\left(\frac{4}{3}\pi t + \frac{2\pi}{3}\right)$

图 1

5. 两相干平面简谐波沿不同方向传播，如图 2 所示，波速均为 $u = 0.40$ m/s，其中一列波在点 A 处引起的振动方程为 $y_1 = A_1\cos\left(2\pi t - \frac{\pi}{2}\right)$，另一列波在

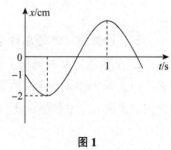

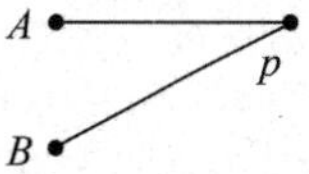

图 2

点 B 处引起的振动方程为 $y_2 = A_2\cos\left(2\pi t + \dfrac{\pi}{2}\right)$，它们在点 P 相遇，且 $\overline{AP} = 0.80$ m，

$\overline{BP} = 1.00$ m，则两波在点 P 的相位差为（　　　）。

A. π　　　　　　　B. 0　　　　　　　C. $3\pi/2$　　　　　　　D. $\pi/2$

6. 下列说法中正确的是（　　　）。

A. 闭合曲面上各点电场强度都为零时，曲面内一定没有电荷

B. 闭合曲面上各点电场强度都为零时，曲面内电荷的代数和必定为零

C. 闭合曲面的电场强度通量为零时，曲面上各点的电场强度必定为零

D. 闭合曲面的电场强度通量不为零时，曲面上任意一点的电场强度都不可能为零

7. 一空气平行板电容器充电后与电源断开，然后在两极板间充满某种各向同性的均匀电介质，则电场强度大小 E、电容 C、电压 U、电场能量 W 这 4 个量各自与充入介质前相比较，增大（↑）或减小（↓）的情形为（　　　）。

A. $E\uparrow$、$C\uparrow$、$U\uparrow$、$W\uparrow$　　　　　　　B. $E\downarrow$、$C\uparrow$、$U\downarrow$、$W\downarrow$

C. $E\downarrow$、$C\uparrow$、$U\uparrow$、$W\downarrow$　　　　　　　D. $E\uparrow$、$C\downarrow$、$U\downarrow$、$W\uparrow$

二、填空题（本题总计 9 分）

1. 均质圆盘状飞轮的质量为 20 kg，半径为 30 cm，当它以每分钟 60 转的速率旋转时，其动能为＿＿＿＿＿ J。

2. 一弹簧振子做简谐振动，其振动曲线如图 3 所示。则它的周期 $T=$＿＿＿＿ s，其余弦函数描述时初相 $\varphi =$＿＿＿＿＿＿。

3. 地球表面附近的电场强度为 100 N/C，如果把地球看作半径为 6.4×10^6 m 的导体球，则地球表面的电荷量 $Q=$＿＿＿＿＿＿ C。

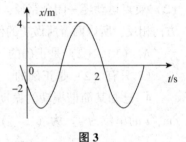

图 3

三、计算题（本题总计 70 分）

1. 在半径为 R 的圆周上运动的质点，其速率与时间关系为 $v=ct^2$，式中 c 为常数，试求：（1）从 $t=0$ 时刻到 t 时刻质点走过的路程 $s(t)$；（2）在 t 时刻质点的切向加速度 a_t 和法向加速度 a_n。（本题 6 分。）

2. 一根特殊弹簧，在伸长 $x(\mathrm{m})$ 时，其弹力为 $4x+6x^2$（N）。（1）试求把弹簧从 $x=0.50\ \mathrm{m}$ 拉长到 $x=1.00\ \mathrm{m}$ 时，外力克服弹簧力所做的总功；（2）将弹簧的一端固定，在其另一端拴一质量为 2 kg 的静止物体，试求弹簧从 $x=1.00\ \mathrm{m}$ 回到 $x=0.50\ \mathrm{m}$ 时物体的速率。（不计重力。）（本题 10 分。）

3. 如图 4 所示，质量 $m_1=16\ \mathrm{kg}$ 的实心圆柱体 A，其半径为 $r=15\ \mathrm{cm}$，可以绕其固定水平轴转动，阻力忽略不计。一条轻的柔绳绕在圆柱体上，其另一端系一个质量 $m_2=8\ \mathrm{kg}$ 的物体 B，试求：（1）物体 B 由静止开始下降 1.0 s 后的距离；（2）绳的张力。（本题 10 分。）

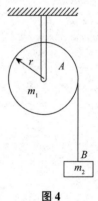

图 4

4. 质量 $m = 10 \text{ kg}$ 的质点受力 $F = 30 + 40t$ 的作用，且力方向不变。$t = 0$ 时从 $v_0 = 10 \text{ m/s}$ 开始作直线运动（v_0 方向与力的方向相同），试求：（1）0~2 s 内，力的冲量 I；（2）$t = 2$ s 时质点的速率 v_2。（式中力的单位为 N，时间单位为 s。）（本题 6 分。）

5. 将一"无限长"带电细线弯成图 5 所示形状，设电荷均匀分布，电荷线密度为 λ，四分之一弧 AB 的半径为 R，试求圆心 O 的电场强度。（本题 10 分。）

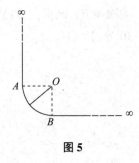

图 5

6. 如图 6 所示，一电容器由两个很长的同轴薄圆筒组成，内、外圆筒半径分别为 $R_1 = 2$ cm，$R_2 = 5$ cm，其间充满相对介电常量为 ε_r 的各向同性的均匀电介质。电容器接在电压 $U = 32$ V 的电源上，试求距离轴线 $R = 3.5$ cm 处的点 A 的电场强度大小和点 A 与外筒间的电势差。（本题 10 分。）

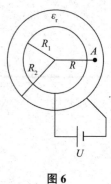

图 6

7. 某振动质点的 x-t 曲线如图 7 所示，试求：(1) 运动方程；(2) 点 P 对应的相位；(3) 到达点 P 相应位置所需时间。（本题 8 分。）

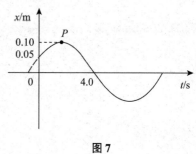

图 7

25

8. 图 8 所示是干涉型消声器结构的原理图，利用这一结构可以消除噪声。当发动机排气噪声声波经管道到达点 A 时，分成两路而在点 B 相遇，声波因干涉而相消。如果要消除频率为 300 Hz 的发动机排气噪声，求图中弯道与直管长度差 $\Delta r = r_2 - r_1$ 至少应为多少？（设声波波速为 340 m/s。）（本题 10 分。）

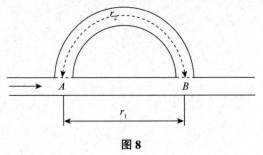

图 8

参考答案

综合习题（一）

第一章

1-1　(1) $2i - 3j$（m）；(2) $1.2i - 1.6j$（m/s）

1-2　4.19 m, 4.13×10^{-3} m/s，与 x 轴正向成 $60°$ 角

1-3　(1) $y = 19 - \dfrac{x^2}{2}$，轨迹图略；(2) $4i + 11j$（m），$2i - 8j$（m/s），$-4j$（m/s²）

1-4　(1) $A\omega^2\sin\omega t$；(2) $\dfrac{1}{2}(2n + 1)\pi/\omega$（$n = 0, 1, \cdots$）

第一章

1-5　C

1-6　$v = 2t^2$（m/s）；$x = \dfrac{2}{3}t^3 + 10$（m）

1-7　(1) 变速率曲线运动；(2) 变速率直线运动

1-8　$-g/2$，$\dfrac{2\sqrt{3}v^2}{3g}$

1-9　$a_t = 0.6$ m/s²；$a_n = 4.5$ m/s²

1-10　C

1-11　(1) $y = \dfrac{gx^2}{2(v_0 + v)^2}$；(2) $y = \dfrac{gx^2}{2v^2}$

1-12　(1) 4.8 m/s², 230.4 m/s²；(2) 0.55 s

第三章

3-1　$GMm\left(\dfrac{1}{4R} - \dfrac{1}{R}\right)$

3-2　$F_0 R^2$

第三章

3-3　$v = 13$ m/s

3-4　C

3-5　$P = 112.5$ W，$E_k = 56.25$ J

3-6　$v = \sqrt{\dfrac{k}{mr}}$, $E = -\dfrac{k}{2r}$

3-7　$2:1$；$2:1$

3-8　$\dfrac{2GmM}{3R}$; $-\dfrac{GmM}{3R}$

3-9　0.14 J

3-10　4.1 mm

3-11　$\sqrt{2gR - \dfrac{kR^2(6-4\sqrt{2})}{m}}$, $2mg + kR(5\sqrt{2} - 7)$

3-12　$\sqrt{\dfrac{k}{m_1 + m_2}} \cdot h$

第五章

5-1　100 V

5-2　D

5-3　$\dfrac{q}{8\pi\varepsilon_0 l}\ln\left(1 + \dfrac{2l}{a}\right)$

第五章

5-4　C

5-5　C

5-6　$W = -qp/(2\pi\varepsilon_0 R^2)$

5-7　45 V, -15 V

5-8　-2 000 V

5-9　0, $\dfrac{Q}{4\pi\varepsilon_0 r^2}$, 0; $\dfrac{Q}{4\pi\varepsilon_0}\left(\dfrac{1}{R_1} - \dfrac{1}{R_2}\right)$, $\dfrac{Q}{4\pi\varepsilon_0}\left(\dfrac{1}{r} - \dfrac{1}{R_2}\right)$, 0

第十章

10-1　D

10-2　-0.25π m/s

10-3　(1)$y = 0.1\cos\left[4\pi\left(t - \dfrac{1}{20}x\right)\right]$；(2) 0.1 m；(3) -1.26 m/s

第十章

10-4　C

10-5　$y = 0.08\cos\left(100\pi t - \dfrac{\pi x}{2}\right)$

10-6　(1)$y = 0.02\cos\left(100\pi t + \dfrac{\pi}{2}\right)$；(2)$y = 0.02\cos\left[100\pi\left(t - \dfrac{x}{200}\right) + \dfrac{\pi}{2}\right]$；(3)$y = 0.02\cos(100\pi t - \pi)$

10-7　D

10-8　$\dfrac{\pi}{2}$，$-\dfrac{\pi}{2}$

10-9　（1）$A = 0.05$ m，$u = 50$ m/s，$\nu = 50$ Hz，$\lambda = 1.0$ m；

（2）$v_{\max} = 15.7$ m/s，$a_{\max} = 4.93 \times 10^3$ m/s^2；（3）$\Delta\varphi = \pi$；

10-10　（1）$y = A\cos\left[\omega\left(t + \dfrac{x}{u}\right) + \varphi_0\right] = 3\cos\left[4\pi\left(t + \dfrac{x}{20}\right)\right]$

（2）$y = A\cos\left[\omega\left(t + \dfrac{x - x_a}{u}\right) + \varphi_0\right] = 3\cos\left[4\pi\left(t + \dfrac{x - 5}{20}\right)\right] = 3\cos\left[4\pi\left(t + \dfrac{x}{20}\right) - \pi\right]$

10-11　（1）$y_P = A\cos\left(\dfrac{2\pi t}{4} + \pi\right) = A\cos\left[\dfrac{\pi t}{2} + \pi\right]$（SI）；

　　　　（2）$y = A\cos\left[2\pi\left(\dfrac{t}{4} + \dfrac{x - d}{\lambda}\right) + \pi\right]$（SI）

第十二章

12-1　C

12-2　C

12-3　（1）$E_k = 4.14 \times 10^5$ J；（2）$p = 2.76 \times 10^5$ Pa

12-4　A

12-5　$\dfrac{1}{3}$，$\dfrac{2}{3}$

12-6　（1）2.45×10^{25} m^{-3}；（2）1.3 kg/m^3；（3）0.62×10^{-20} J；
（4）483.4 m/s

第十二章

12-7　B

12-8　左，CO_2

12-9　（1）601.6 K；（2）在点 o 的温度为 3 008 K，在点 d 的温度为 120.3 K

12-10　2 000 m/s；500 m/s

12-11　5.42×10^7 s^{-1}；6×10^{-5} cm

12-12（1）速率在 $v \sim (v+dv)$ 之间的气体分子数占总气体分子数的百分比；

　　　　（2）速率在区间 $[0, v_p]$ 的气体分子数占总气体分子数的百分比；

　　　　（3）速率在区间 $[v_p, +\infty)$ 的气体分子数；

　　　　（4）速率在区间 $[v_1, v_2]$ 的气体分子平动动能之和；

　　　　（5）速率在区间 $[v_1, v_2]$ 内的气体分子的平均速率

第十三章

13-1　B

13-2　71.4；2 000

13-3　500；100

13-4　（1）略；（2）21%

13-5　（1）25%，3 200 J；（2）450 K

13-6　（1）$a \to b$：$Q_p = -8.73 \times 10^3$ J

　　　　　$b \to c$：$Q_V = 6.23 \times 10^3$ J

　　　　　$c \to a$：$Q_T = 3.46 \times 10^3$ J

　　　（2）9.6×10^2 J；（3）9.9%

13-7　$a \to b$ 等体过程；$W = 0$；

　　　$b \to c$ 等压过程；$W = 3p_1 V_1 / 4$；

　　　$c \to a$ 等温过程；$W = \left(\dfrac{3}{4} - \ln 4\right) p_1 V_1$

13-8　（1）$W_{AB} = 2.77 \times 10^3$ J，

　　　　　$Q_{AB} = W_{AB} = 2.77 \times 10^3$ J；

　　　（2）$W_{ACB} = W_{AC} + W_{CB} = W_{CB} = p_C \left(V_B - V_C\right) = 2.0 \times 10^3$ J，

　　　　　$Q_{ACB} = W_{ACB} = 2.0 \times 10^3$ J

第十三章

综合习题（二）

第二章

2-1　D

2-2　C

2-3　D

2-4　$\dfrac{2}{3}t^3 \boldsymbol{i} + 2t \boldsymbol{j}$（m）

2-5　$t = \dfrac{m v_m}{2F} \ln 3$；$x = \dfrac{m v_m^2}{2F} \ln \dfrac{4}{3}$

2-6　-0.28 N

第二章

第三章

3-1　D

3-2　C

3-3　400 m/s

3-4　18 N·s

3-5　（1）$(1 + \sqrt{2}) m \sqrt{g y_0}$；（2）$\dfrac{1}{2} m v_0$

3-6　（1）5.09 m/s；（2）1.27×10^4 N

第三章

第四章

4-1 A

4-2 1 080. 5 N

4-3 40

4-4 157. 1 N

4-5 (1) W; (2) $kl\cos\theta$; (3) $W = 2kl\sin\theta$

4-6 (1) $J = \dfrac{9}{2}mr^2$; (2) $\alpha = \dfrac{2g}{19r}$

4-7 $mvl + \dfrac{1}{6}Mvl$

4-8 E

4-9 $\dfrac{1}{3}\omega_0$

4-10 $\omega = \dfrac{mv}{6MR}$; $v = \dfrac{mv}{6M}$

4-11 C

4-12 (1) $\omega = \dfrac{3mv_0}{(M + 3m)l}$; (2) $\theta = \arccos\left[1 - \dfrac{m^2{v_0}^2}{(2m + M)\left(m + \dfrac{1}{3}M\right)gl}\right]$

第四章

第五章

5-1 C

5-2 C

5-3 电场强度大小为 $E = \dfrac{q}{2\pi\varepsilon_0 R^2\theta_0}\sin\dfrac{\theta_0}{2}$，方向向下

5-4 $\dfrac{qd}{8\pi^2\varepsilon_0 R^3}$；指向缺口

5-5 电场强度大小为 $E = \dfrac{\sigma}{2\pi\varepsilon_0}\ln 2$，方向沿 x 轴正方向

5-6 电场强度大小为 $E = 0$

5-7 D

5-8 D

5-9 $\dfrac{\sigma}{2\varepsilon_0}$，向右；$\dfrac{3\sigma}{2\varepsilon_0}$，向右；$\dfrac{\sigma}{2\varepsilon_0}$，向左

5-10 $\dfrac{q}{6\varepsilon_0}$

5-11 B

第五章

5-12 $E_1 = \dfrac{\rho x}{\varepsilon_0}\left(-\dfrac{d}{2} \leqslant x \leqslant \dfrac{d}{2}\right)$，电场强度随 x 变化图略

$E_2 = \dfrac{\rho d}{2\varepsilon_0}\left(x > \dfrac{d}{2}\right)$，$E_3 = -\dfrac{\rho d}{2\varepsilon_0}\left(x < -\dfrac{d}{2}\right)$

第六章

6-1 $\dfrac{\lambda}{2\pi r}$，$\dfrac{\lambda}{2\pi\varepsilon_0\varepsilon_r r}$

6-2 A

6-3 （1）$E = \dfrac{Q_0}{4\pi\varepsilon_0\varepsilon_r r^2} = \dfrac{E_0}{\varepsilon_r}$（$R_1 < r < R_2$），$E = \dfrac{Q_0}{4\pi\varepsilon_0 r^2} = E_0$（$r > R_2$）；

（2）$V = \dfrac{Q_0}{4\pi\varepsilon_0\varepsilon_r}\left(\dfrac{1}{R_1} - \dfrac{1}{R_2}\right) + \dfrac{Q_0}{4\pi\varepsilon_0 R_2}$

6-4 （1）$U = R_1 E_1 \ln\dfrac{R_2}{R_1}$

（2）$U = 2.52 \times 10^3 \text{ V}$

第六章

6-5 C

6-6 $\dfrac{3\varepsilon_r\varepsilon_0 S}{2\varepsilon_r d + d}$

6-7 $\dfrac{1}{\varepsilon_r}$，$\dfrac{1}{\varepsilon_r}$

6-8 （1）$C = \dfrac{4\pi\varepsilon_0\varepsilon_r R_1 R_2}{R_2 - R_1}$ ；（2）$W_e = \dfrac{CU_{12}^2}{2} = \dfrac{2\pi\varepsilon_0\varepsilon_r R_1 R_2 U_{12}^2}{R_2 - R_1}$

6-9 （1）$\dfrac{\varepsilon_0 S}{d - t}$；（2）无影响

6-10 D

6-11 $2:1$；$1:2$

6-12 $F = \dfrac{Q^2}{2\varepsilon_0 S}$

6-13 （1）$(2\pi\varepsilon_0\varepsilon_r L)/[\ln(b/a)]$；（2）$[Q^2/(4\pi\varepsilon_0\varepsilon_r L)]\ln(b/a)$

6-14 （1）$E_1 = 0$，$D_1 = 0(r < R)$；$E_2 = \dfrac{q}{4\pi\varepsilon_0\varepsilon_{r1} r^2}$，$D_2 = \dfrac{q}{4\pi r^2}(R < r < R + d)$；

$E_3 = \dfrac{q}{4\pi\varepsilon_0\varepsilon_{r2} r^2}$，$D_3 = \dfrac{q}{4\pi r^2}$ $(r > R + d)$；

（2）$V_1 = \dfrac{q}{4\pi\varepsilon_0\varepsilon_{r1}}\left[\dfrac{1}{R} - \dfrac{1}{R + d}\right] + \dfrac{q}{4\pi\varepsilon_0\varepsilon_{r2}}\left(\dfrac{1}{R + d}\right)$ $(r < d)$；

$$V_2 = \frac{q}{4\pi\varepsilon_0\varepsilon_{r1}}\left[\frac{1}{r} - \frac{1}{R+d}\right] + \frac{q}{4\pi\varepsilon_0\varepsilon_{r2}}\left(\frac{1}{R+d}\right) (R < r < R+d) \ ; \ V_3 = \frac{q}{4\pi\varepsilon_0\varepsilon_{r2}r}(r > R+d)$$

（3）曲线图略

第九章

9-1　$1:2:\dfrac{1}{4}$

9-2　D

9-3　$x = 7.07 \times 10^{-2}\cos\left(4\pi t + \dfrac{\pi}{4}\right)$

第九章

9-4　（1）$x = A\cos\left(\dfrac{2\pi}{T}t - \dfrac{\pi}{2}\right)$ ；

　　（2）$x = A\cos\left(\dfrac{2\pi}{T}t + \dfrac{\pi}{3}\right)$

9-5　E

9-6　0.37 cm, $x = 0.37 \times 10^{-2}\cos\left(\dfrac{\pi t}{2} \pm \pi\right)$

9-7　（1）$x_1 = 0.1\cos\left(\pi t - \dfrac{\pi}{2}\right)$, $x_2 = 0.1\cos\left(\pi t + \dfrac{\pi}{3}\right)$ ；

　　（2）振动 II 超前振动 I 的相位为 $5\pi/6$

9-8　$x = 5.0\cos\left(\dfrac{11}{12}\pi t - \dfrac{\pi}{3}\right)$ ；0、$\dfrac{\pi}{3}$、$\dfrac{\pi}{2}$、$\dfrac{2}{3}\pi$、$\dfrac{4}{3}\pi$

9-9　（1）$T = \dfrac{4}{3}\pi$ s ；

　　（2）$a_m = 4.5 \times 10^{-2}$ m/s^2 ；

　　（3）$x = 0.2 \times 10^{-2}\cos\left(1.5t + \dfrac{\pi}{2}\right)$

9-10　C

9-11　1×10^{-2} m；$\dfrac{\pi}{6}$

9-12　10 cm

9-13　C

9-14　0.25 m；0.18 m；0.2 J

9-15　$x = 0.204\cos(2t + \pi)$

第十章

10-1　C

10-2　5 J

10-3　(1)1.58 J·s^{-1}·m^{-2}；(2)3.79 × 10^3 J

10-4　D

10-5　C

10-6　$\lambda = \left| \dfrac{0.2}{2k-1} \right|$ m $(k = 0,\ \pm 1,\ \pm 2,\ \pm 3,\cdots)$

10-7　C

10-8　B

10-9　$y_2 = A\cos\left[2\pi\left(\dfrac{t}{T} + \dfrac{x}{\lambda} \right) - \pi \right]$

10-10　$y = 0.01\cos\left(4t + \pi x - \dfrac{4\pi}{3} \right)$

10-11　3，300

10-12　(1)$y = 0.06\cos(\pi t + \pi)$；(2)$y = 0.06\cos\left[\pi\left(t - \dfrac{1}{2}x \right) + \pi \right]$；(3) 4 m

十三章

13-1　C

13-2　D

13-3　(1) 266；(2) 放出，308

13-4　1.8 × 10^3 J

13-5　B

13-6　D

13-7　C

13-8　等压；绝热；等温；等压；绝热

13-9　7 J

13-10　AM；AM、BM

13-11　(1) $Q_{ab} = 8.1 × 10^4$ J，$\Delta E_{ab} = 4.86 × 10^4$ J，$W_{ab} = 3.24 × 10^4$ J，$Q_{bc} = \Delta E_{bc} = -3.65 × 10^4$ J，$W_{bc} = 0$；(2) 存在与 a 状态内能相同的状态，在 dc 线上体积为 8 L 处

13-12　(1) 略；(2) $Q_V = \Delta E = 1\ 247$ J，$W_V = 0$；$Q_T = W = 821.9$ J，$\Delta E = 0$

13-13　(1) $W_T = 2.72 × 10^3$ J；(2) $W_Q = 2.2 × 10^3$ J

综合测试（一）

一、单项选择题

1. D　　2. C　　3. B　　4. B　　5. B　　6. A　　7. C

二、填空题

1. 12

2. $y = A\cos\left(\omega t - 2\pi\dfrac{x}{\lambda} + \pi\right)$

3. $\dfrac{Qq}{8\pi\varepsilon_0 R}$

三、计算题

1. 解析：由运动学方程 $x = ct^3$，可得物体的速率 $v = \dfrac{\mathrm{d}x}{\mathrm{d}t} = 3ct^2$，按题意及上述关系，物体所受阻力的大小为 $F = kv^2 = 9kc^2t^4 = 9kc^{\frac{2}{3}}x^{\frac{4}{3}}$，则阻力做的功为

$$W = \int_0^l F \cdot \mathrm{d}x = \int_0^l F\cos 180° \mathrm{d}x = -\int_0^l 9kc^{\frac{2}{3}}x^{\frac{4}{3}}\mathrm{d}x = -\frac{27}{7}kc^{2/3}l^{7/3}$$

2. 解析：

（1）由分析可知

$$I = \int_{t_1}^{t_2} F \cdot \mathrm{d}t = \int_0^2 (30 + 4t)\mathrm{d}t = (30t + 2t^2)\ \Big|_0^2 = 68\ \mathrm{N/s}$$

（2）由 $I = 300 = 30t + 2t^2$，解此方程可得 $t = 6.86\ \mathrm{s}$（另一解不合题意已舍去）；

（3）由动量定理，有 $I = mv_2 - mv_1$，由（2）可知 $t = 6.86\ \mathrm{s}$ 时 $I = 300\ \mathrm{N·s}$，将 I、m 及 v_1 代入可得

$$v_2 = \frac{I + mv_1}{m} = 40\ \mathrm{m/s}$$

3. 解析：根据受力分析得

$$2mg - T_1 = 2ma$$
$$T_2 - mg = ma$$
$$T_1 r - Tr = \frac{1}{2}mr^2\alpha$$
$$a = r\alpha$$

联立上面 4 个方程，得

$$T = \frac{11}{8}mg$$

4. 解析：（1）等体过程

$$W = 0$$

$$Q = \Delta E = C_{V,\mathrm{m}}\Delta T = \frac{5}{2}R\Delta T = \frac{5}{2} \times 8.31 \times 60 = 1\,246.5\ \mathrm{J}$$

（2）等温过程

$$Q = W = RT\ln\frac{V_2}{V_1} = 8.31 \times (273 + 80)\ln 2 = 2\,033.3\ \mathrm{J}$$

$$\Delta E = 0$$

5. 解析：（1）由于金属板的两个表面在电容器中构成两个极板，因此可以看成两个电容器串联，设 BC 间距为 x，则根据平行板电容器电容关系式，可得

$$C_{AB} = \frac{\varepsilon_0 S}{d - t - x}$$

$$C_{BC} = \frac{\varepsilon_0 S}{x}$$

所以 AC 间电容为 $C = \frac{C_{AB} \cdot C_{BC}}{C_{AB} + C_{BC}} = \frac{\varepsilon_0 S}{d - t}$，结果表明，$C$ 与 x 无关，即金属板在电容器中放在什么位置，对 r 的数值不产生影响。

（2）无金属板时，电容器的电容为 $C_0 = \frac{\varepsilon_0 S}{d} = 600 \ \mu\text{F}$，放入厚度为 $\frac{1}{4}d$ 的金属板后，

电容为 $C = \frac{\varepsilon_0 S}{d - t} = \frac{4}{3}\frac{\varepsilon_0 S}{d} = \frac{4}{3}C_0 = 800 \ \mu\text{F}$。

由电容定义式可得，此时电容的电压为

$$\Delta V = \frac{Q}{C} = \frac{C_0 \Delta V_0}{C} = 600 \times 10/800 = 7.5 \ \text{V}$$

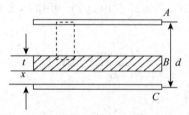

6. 解析：假设长直圆柱形导线单位长度电荷量为 λ，由分析知电场分布轴对称，电场强度沿径向。作同轴圆柱面为高斯面（$a<r<b$），由高斯定理 $\oint_S E \cdot dS = 2\pi r \cdot LE = \frac{1}{\varepsilon_0}\lambda L$，得

$$E = \frac{\lambda}{2\pi\varepsilon_0 r}$$

由电势差的定义有

$$V = \int_a^b \frac{\lambda}{2\pi\varepsilon_0 r}dr = \frac{\lambda}{2\pi\varepsilon_0}\ln\frac{b}{a}$$

解得 $\lambda = \frac{2\pi\varepsilon_0 V}{\ln(b/a)}$。

代入得长直圆柱形导线和导体圆筒间的电场强度大小 $E = \frac{\lambda}{2\pi\varepsilon_0 r} = \frac{V}{r\ln(b/a)}$。

7. 解析：设振动方程为

$$x = A\cos(\omega t + \varphi)$$

则 $a = f''(x) = -\omega^2 A\cos(\omega t + \varphi) = -\omega^2 x$ ，因此 $\omega^2 = -\dfrac{a}{x}$ 。

当 $x = 2$ cm 时， $a = -4$ cm/s^2 （或当 $x = -2$ cm 时，$a = 4$ cm/s^2）

因此 $\omega^2 = 2$ s^{-2} ，$\omega = \sqrt{2}$ s^{-1} 。

质点从一端到另一端所用的时间为 $\Delta t = \dfrac{1}{2}T = \dfrac{1}{2}\dfrac{2\pi}{\omega} = 2.2$ s 。

8. 解析：（1）坐标为 x 的点的振动相位为 $\omega t + \varphi = 4\pi[t + (x/u)] = 4\pi[t + (x/20)]$ ，波函数为 $y = 3 \times 10^{-2}\cos 4\pi[t + (x/20)]$ （SI 制）。

（2）以点 B 为坐标原点，则坐标为 x 的点的振动相位为

$$\omega t + \varphi' = 4\pi\left(t + \dfrac{x-5}{20}\right) \text{（SI 制）}$$

波函数为

$$y = 3 \times 10^{-2}\cos\left[4\pi\left(t + \dfrac{x}{20}\right) - \pi\right] \text{（SI 制）}$$

综合测试（二）

一、单项选择题

1. C　　2. B　　3. C　　4. C　　5. A　　6. D　　7. A

二、填空题

1. 80；2

2. 0.24，0.12

3. $\dfrac{-q}{8\pi\varepsilon_0 a}$

三、计算题

1. 解析：（1）位置矢量的表达式为
$$\boldsymbol{r} = x\boldsymbol{i} + y\boldsymbol{j} = (3t + 5)\boldsymbol{i} + (0.5t^2 + 3t + 4)\boldsymbol{j}$$

（2）质点的速度为
$$v_x = \dfrac{\mathrm{d}x}{\mathrm{d}t} = 3, \quad v_y = \dfrac{\mathrm{d}y}{\mathrm{d}t} = t + 3$$
$$\boldsymbol{v} = v_x\boldsymbol{i} + v_y\boldsymbol{j} = 3\boldsymbol{i} + (t + 3)\boldsymbol{j}$$

质点在 4 s 时的速度为
$$\boldsymbol{v}(4) = 3\boldsymbol{i} + (4 + 3)\boldsymbol{j} = 3\boldsymbol{i} + 7\boldsymbol{j}$$
$$v = \sqrt{v_x^2 + v_y^2} = \sqrt{3^2 + 7^2} = \sqrt{58} \approx 7.6 \text{ m/s}$$

速度与 x 轴正方向的夹角为 $\alpha = \arctan\dfrac{v_y}{v_x} = \arctan\dfrac{7}{3} \approx 66.8°$ 。

2. 解析：因 $v = \omega R$ ，由题意 $\omega \propto t^2$ 得比例系数 $k = \dfrac{\omega}{t^2} = \dfrac{v}{Rt^2} = 2$ rad/s^3 。

所以 $\omega = \omega(t) = 2t^2$，则 $t' = 0.5$ s 时的角速度、角加速度和切向加速度大小分别为

$$\omega = 2t'^2 = 0.5 \text{ rad/s}^{-1}$$

$$\alpha = \frac{\mathrm{d}\omega}{\mathrm{d}t} = 4t' = 2.0 \text{ rad/s}^2$$

$$a_t = \alpha R = 1.0 \text{ m/s}^2$$

总加速度大小为

$$a = \sqrt{a_t^2 + a_n^2} = \sqrt{(\alpha R)^2 + (\omega^2 R)^2} = 1.01 \text{ m/s}^2$$

在 2.0 s 内该点所转过的角度为

$$\theta - \theta_0 = \int_0^2 \omega \mathrm{d}t = \int_0^2 2t^2 \mathrm{d}t = \frac{2}{3}t^3 \Big|_0^2 = 5.33 \text{ rad}$$

3. 解析：设碰撞后小球的速度和门的角速度大小分别为 v' 和 ω，由两个守恒可有

$$mvL = mv'L + \left(\frac{1}{3}m_0L^2\right)\omega \tag{1}$$

$$\frac{1}{2}mv^2 = \frac{1}{2}mv'^2 + \frac{1}{2}\left(\frac{1}{3}m_0L^2\right)\omega^2 \tag{2}$$

由式（1）得

$$v - v' = \frac{1}{3}\frac{m_0}{m}L\omega \tag{3}$$

由式（2）得

$$v^2 - v'^2 = \frac{1}{3}\frac{m_0}{m}(L\omega)^2 \tag{4}$$

由式（3）和式（4）得

$$v + v' = L\omega \tag{5}$$

由式（3）和式（5）得

$$\omega = \frac{6m}{3m + m_0}\frac{v}{L}, \quad v' = \frac{3m - m_0}{3m + m_0}v$$

小球通常较小，满足 $3m < m_0$，故 $v' < 0$，说明撞后小球被反向弹回。但若球的质量较大，还可能出现以下两种情况：如 $3m = m_0$，则 $v' = 0$，球撞后瞬间静止，然后下落；如 $3m > m_0$，则 $v' > 0$，球撞后继续向前运动。

4. 解析：（1）$C \rightarrow A$ 为等体过程，有

$$p_A/T_A = p_C/T_C$$

故

$$T_C = T_A\left(\frac{p_C}{p_A}\right) = 75 \text{ K}$$

$B \rightarrow C$ 为等压过程，有

$$V_B/T_B = V_C/T_C$$

故

$$T_B = T_C \left(\frac{V_B}{V_C} \right) = 225 \text{ K}$$

（2）气体的物质的量为

$$\nu = \frac{m}{M} = \frac{p_A V_A}{R T_A} = 0.321 \text{ mol}$$

由 $\gamma = 1.40$ 可知气体为双原子分子气体，故

$$C_{V,\text{m}} = \frac{5}{2} R, \quad C_{p,\text{m}} = \frac{7}{2} R$$

$C \rightarrow A$ 为等体吸热过程，则

$$W_{CA} = 0$$

$$Q_{CA} = \Delta E_{CA} = \nu C_{V,\text{m}} (T_A - T_C) = 1\,500 \text{ J}$$

$B \rightarrow C$ 为等压压缩过程，则

$$W_{BC} = p_B (V_C - V_B) = -400 \text{ J}$$

$$\Delta E_{BC} = \nu C_{V,\text{m}} (T_C - T_B) = -1\,000 \text{ J}$$

$$Q_{BC} = \Delta E_{BC} + W_{BC} = -1\,400 \text{ J}$$

$A \rightarrow B$ 为膨胀过程，则

$$W_{AB} = \frac{1}{2} (400 + 100) \times (6 - 2) \text{ J} = 1\,000 \text{ J}$$

$$\Delta E_{AB} = \nu C_{V,\text{m}} (T_B - T_A) = -500 \text{ J}$$

$$Q_{AB} = \Delta E_{AB} + W_{AB} = 500 \text{ J}$$

5. 解析：根据高斯定理，取同轴的圆柱面为高斯面，则

$$\oint_S \boldsymbol{E} \cdot \mathrm{d}\boldsymbol{S} = \frac{\sum Q}{\varepsilon_0}$$

$$E \cdot 2\pi r = \frac{\lambda h}{\varepsilon_0}$$

得

$$E = \frac{\lambda}{2\pi \varepsilon_0 r}$$

所以

$$V = \int_r^b \boldsymbol{E} \cdot \mathrm{d}\boldsymbol{l} = \int_r^b \frac{\lambda}{2\pi \varepsilon_0 r} \mathrm{d}r = \frac{\lambda}{2\pi \varepsilon_0} \ln \frac{b}{r}$$

6. 解析：切断电源前后极板上电荷不变，该电荷为切断电源前的电荷为

$$Q = CU = \frac{\varepsilon_0 \varepsilon_r S}{d} \cdot U = \frac{8.85 \times 10^{-12} \times 5 \times 1 \times 12}{5 \times 10^{-3}} \text{ C} = 1.062 \times 10^{-7} \text{ C}$$

式中，C 为未抽出玻璃板时电容器的电容。当抽出玻璃板后，电容器的电容变为

$$C' = \frac{\varepsilon_0 S}{d} = \frac{8.85 \times 10^{-12} \times 1}{5 \times 10^{-3}} \text{ F} = 1.77 \times 10^{-9} \text{ F}$$

根据功能关系，可得抽出玻璃板过程中外力所做的功为

$$W_外 = \Delta W_e = W' - W = \frac{1}{2} \cdot \frac{Q^2}{C'} - \frac{1}{2} \cdot \frac{Q^2}{C} = \frac{Q^2}{2C'}\left(1 - \frac{1}{\varepsilon_r}\right)$$

$$= \frac{(1.062 \times 10^{-7})^2}{2 \times 1.77 \times 10^{-9}} \times \left(1 - \frac{1}{5}\right) \text{ J} = 2.55 \times 10^{-6} \text{ J}$$

7. 解析：（1）将 $x = 0.01\cos(20\pi t + 0.25\pi)$ 与 $x = A\cos(\omega t + \varphi)$ 比较后可得振幅 $A = 0.10$ m，角频率 $\omega = 20\pi$ rad $/\text{s}^{-1}$，初相 $\varphi = 0.25\pi$，则周期 $T = 2\pi/\omega = 0.1$ s，频率 $\nu = 1/T = 10$ Hz。

（2）$t = 2$ s 时的位移、速度、加速度大小分别为

$$x = 0.01\cos(40\pi + 0.25\pi)\text{m} = 7.07 \times 10^{-2} \text{ m}$$

$$v = \mathrm{d}x/\mathrm{d}t = -2\pi\sin(40\pi + 0.25\pi)\text{m/s} = -4.44 \text{ m/s}^1$$

$$a = \mathrm{d}^2x/\mathrm{d}t^2 = -4\pi^2\cos(40\pi + 0.25\pi)\text{m/s} = -2.79 \times 10^2 \text{ m/s}^2$$

8. 解析：（1）由振动曲线可知，点 P 处质点振动方程为

$$y_P = A\cos\left[(2\pi t/4) + \pi\right] = A\cos\left(\frac{1}{2}\pi t + \pi\right)(\text{SI 制})$$

（2）波函数为

$$y = A\cos\left[2\pi\left(\frac{t}{4} + \frac{x - d}{\lambda}\right) + \pi\right](\text{SI 制})$$

（3）点 O 处质点的振动方程为

$$y_O = A\cos\left(\frac{1}{2}\pi t\right)(\text{SI 制})$$

综合测试（三）

一、单项选择题

1. D   2. B   3. C   4. D   5. B   6. B   7. B

二、填空题

1. $1.8\pi^2$

2. $\dfrac{24}{11}$，$\dfrac{2}{3}\pi$

3. 4.55×10^5

三、计算题

1. 解析：（1）由分析知 $v = \dfrac{\mathrm{d}s}{\mathrm{d}t} = ct^2$，分离变量后两边积分得

$$\int_0^s \mathrm{d}s = \int_0^t ct^2\mathrm{d}t，s = \frac{1}{3}ct^3$$

（2）由相关定义，得 $a_t = \dfrac{dv}{dt} = 2ct$，$a_n = \dfrac{v^2}{R} = \dfrac{c^2 t^4}{R}$。

2.（1）由功的定义，得

$$W = \int_{x_1}^{x_2} F dx = \int_{0.50}^{1.00} (4x + 6x^2) dx = (2x^2 + 2x^3)\Big|_{0.50}^{1.00} = 3.25\ \text{J}$$

（2）由动能定理得

$$W = \frac{1}{2}mv^2 - 0$$

解得

$$v = \sqrt{\frac{2W}{m}} = \sqrt{\frac{2 \times 3.25}{2}} = \frac{\sqrt{13}}{2} \approx 1.80\ \text{m/s}$$

3. 解析：（1）分别作两物体的受力分析，如图 1 所示。对实心圆柱体而言，由转动定律得

$$F_T r = J\alpha = \frac{1}{2}m_1 r^2 \alpha \tag{1}$$

对悬挂物体而言，依据牛顿第二定律，有

$$m_2 g - F_T' = m_2 a$$

且 $F_T = F'$。又由角量与线量之间的关系，得

$$a = r\alpha$$

解上述方程组，可得物体下落的加速度大小为

$$a = \frac{2m_2 g}{m_1 + 2m_2}$$

在 $t = 1.0$ s 时，B 下落的距离为

$$s = \frac{1}{2}at^2 = \frac{m_2 g t^2}{m_1 + 2m_2} = 2.45\ \text{m}$$

（2）由式（2）可得绳中的张力为 $F_T = m_2(g - a) = \dfrac{m_1 m_2}{m_1 + 2m_2}g = 39.2$ N

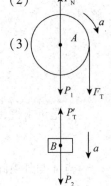

图 1

4. 解析：（1）$I = \int F(t) dt = \int_0^2 (30 + 40t) dt = 140\ \text{N·s}$；

（2）应用质点动量定理得

$$mv_2 - mv_0 = I$$

代入数据解得

$$v_2 = 24\ \text{m/s}$$

5. 解析：以点 O 为原点建立坐标系，如图 2 所示，半无限长直线 $A\infty$ 在点 O 产生的电场强度为

$$\boldsymbol{E}_1 = \frac{\lambda}{4\pi\varepsilon_0 R}(\boldsymbol{i} - \boldsymbol{j})$$

半无限长直线 $B\infty$ 在点 O 产生的电场强度为

$$E_2 = \frac{\lambda}{4\pi\varepsilon_0 R}(-\boldsymbol{i} + \boldsymbol{j})$$

四分之一圆弧在点 O 产生的电场强度为

$$E_3 = \frac{\lambda}{4\pi\varepsilon_0 R}(\boldsymbol{i} + \boldsymbol{j})$$

由场强叠加原理，点 O 的合电场强度为

$$E_1 + E_2 + E_3 = \frac{\lambda}{4\pi\varepsilon_0 R}(\boldsymbol{i} + \boldsymbol{j})$$

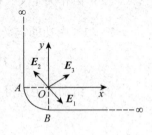

图 2

6. 解析：设内外筒沿轴向单位长度上分别带有电荷量 $+\lambda$ 和 $-\lambda$，根据高斯定理可求得两圆筒间任一点的电场强度大小为

$$E = \frac{\lambda}{2\pi\varepsilon_0\varepsilon_r r}$$

则两圆筒的电势差为

$$U = \int_{R_1}^{R_2} E \cdot \mathrm{d}r = \int_{R_1}^{R_2}\frac{\lambda\,\mathrm{d}r}{2\pi\varepsilon_0\varepsilon_r r} = \frac{\lambda}{2\pi\varepsilon_0\varepsilon_r}\ln\frac{R_2}{R_1}$$

解得

$$\lambda = \frac{2\pi\varepsilon_0\varepsilon_r U}{\ln\dfrac{R_2}{R_1}}$$

于是可求得 A 点的电场强度大小为 $E_A = \dfrac{U}{R\ln\dfrac{R_2}{R_1}} = 998\ \mathrm{V/m}$，方向沿径向向外。

点 A 与外筒间的电势差为

$$U' = \int_R^{R_2} E\mathrm{d}r = \frac{U}{\ln(R_2/R_1)}\int_R^{R_2}\frac{\mathrm{d}r}{r} = \frac{U}{\ln(R_2/R_1)}\ln\frac{R_2}{R} = 1.25\ \mathrm{V}$$

7. 解析：（1）质点振动振幅 $A = 0.10\ \mathrm{m}$，而由振动曲线可画出 $t_0 = 0$ 和 $t_1 = 4\ \mathrm{s}$ 时旋转矢量，如图 3 所示。

可见初相 $\varphi_0 = -\pi/3$（或 $\varphi_0 = 5\pi/3$），而由 $\omega(t_1 - t_0) = \pi/2 + \pi/3$ 得 $\omega = \dfrac{5\pi}{24}\ \mathrm{rad/s}$，则运动方程为

$$x = 0.01\cos\left(\frac{5\pi}{24}t - \frac{\pi}{3}\right)\ (\mathrm{m})$$

（2）题（1）中图示点 P 的位置是质点从 $A/2$ 处运动到正向的端点处。对应的旋转矢量如图 4 所示。

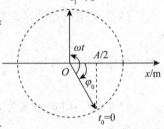

图 3

当初相取 $\varphi_0 = -\pi/3$ 时，点 P 的相位为 $\varphi_P = \varphi_0 + \omega(t_P - 0) = 0$ （若初相取成 $\varphi_0 = 5\pi/3$，则点 P 相应的相位应表示为 $\varphi_P = \varphi_0 + \omega(t_P - 0) = 2\pi$ ）。

（3）由旋转矢量图可得 $\omega(t_P - 0) = \pi/3$，则 $t_P = 1.6$ s。

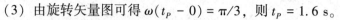

图 4

8. 解析：由题意可知，声波从点 A 分开到点 B 相遇，两列波的波程差 $\Delta r = r_2 - r_1$，故它们的相位差为

$$\Delta\varphi = 2\pi(r_2 - r_1)/\lambda = 2\pi\Delta r/\lambda$$

由相消静止条件

$$\Delta\varphi = (2k + 1)\pi \, (k = 0, \pm 1, \pm 2, \cdots)$$

得

$$\Delta r = (2k + 1)\lambda/2$$

根据题中要求，令 $k=0$，得 Δr 至少应为

$$\Delta r = \lambda/2 = u/2\nu = 0.57 \text{ m}$$

参 考 文 献

[1] 马振宁. 大学物理同步辅导 [M]. 北京：首都经济贸易大学出版社，2016.
[2] 单亚拿，马振宁. 大学物理知识内容精讲与应用能力提升 [M]. 北京：高等教育出版社，2018.
[3] 东南大学等七所工科院校，马文蔚，周雨青. 物理学 [M]. 6 版. 北京：高等教育出版社，2014.
[4] 张三慧. 大学物理学（第二版）习题解答 [M]. 北京：清华大学出版社，2000.
[5] 程守洙，江之水. 普通物理学 [M]. 北京：高等教育出版社，2006.
[6] 姚启钧. 光学教程 [M]. 北京：高等教育出版社，2008.
[7] 赵凯华，陈熙谋. 电磁学 [M]. 4 版. 北京：高等教育出版社，2018.
[8] 余虹，张殿凤. 大学物理解题能力训练 [M]. 大连：大连理工大学出版社，2008.
[9] 郑国和. 最新大学物理复习指导 [M]. 北京：海洋出版社，2000.
[10] 刘娟，胡演，周雅. 物理光学基础教程 [M]. 北京：北京理工大学出版社，2017.
[11] 康山林，刘华，梁宝社. 大学物理学习指导 [M]. 北京：北京理工大学出版社，2011.